Sprich Hund!®

CHRISTIANE JACOBS

Sprich Hund!®

Lerne hündisch!

Körpersprache verstehen, Missverständnisse vermeiden

CADMOS

Haftungsausschluss:

Autorin und Verlag haben den Inhalt dieses Buches mit großer Sorgfalt und nach bestem Wissen und Gewissen zusammengestellt. Für eventuelle Schäden an Mensch und Tier, die als Folge von Handlungen und/oder gefassten Beschlüssen aufgrund der gegebenen Informationen entstehen, kann dennoch keine Haftung übernommen werden. Bei gesundheitlichen Beschwerden des Hundes empfehlen Verlag und Autorin grundsätzlich die Abklärung durch einen Tierarzt.

Gender-Erklärung:

Aus Gründen der besseren Lesbarkeit verzichten wir im Cadmos Verlag auf die gleichzeitige Verwendung der Sprachformen männlich, weiblich und divers (m/w/d) und wählen jeweils die männliche oder weibliche Form von personenbezogenen Hauptwörtern. Dies soll jedoch keinesfalls eine Geschlechterdiskriminierung oder eine Verletzung des Gleichheitsgrundsatzes zum Ausdruck bringen. Frauen, Männer und Diverse mögen sich von den Inhalten unserer Publikationen gleichermaßen angesprochen fühlen.

Impressum

CADMOS im CADMOS Verlag

unveränderter Nachdruck 2024

Covergestaltung, grafisches Konzept: Gerlinde Gröll, www.cadmos.de

Layout, Satz: Greta Grinsteidl

Coverfoto: Ines Grötker

Alle Fotos im Innenteil: Ines Grötker

Autorenfoto auf der Rückseite: Archiv Christiane Jacobs/André Knüwe – Kreativblende

Alle Abbildungen: Archiv Christiane Jacobs/Daniela Barreto

Lektorat: Maren Müller

Druck: www.graspo.com

Deutsche Nationalbibliothek – CIP-Einheitsaufnahme

Die Deutsche Nationalbibliothek verzeichnet diese Publikation in der Deutschen Nationalbibliografie; detaillierte bibliografische Daten sind im Internet über http://dnb.ddb.de abrufbar.

Printed in EU

ISBN: 978-3-8404-2074-0

Inhalt

Inhalt

Einleitung

Hunde, die große Angst haben oder deutliches Aggressionsverhalten zeigen, sind für uns Menschen sehr leicht zu lesen. Da wissen wir sofort und intuitiv, was mit dem Hund los ist.

Im Zusammenleben mit unseren Hunden ist das Lesen der Körpersprache allerdings nicht immer so einfach, weil Hunde oftmals sehr fein kommunizieren. Auch Angst- und Aggressionsverhalten zeichnen sich häufig im Vorfeld durch kleine Hinweise ab. Wenn wir bereits diese subtilen Anzeichen erkennen, hilft uns das, im Alltag vorherzusagen, was der Hund als Nächstes tun wird, und wir können außerdem sein aktuelles Befinden und seine Bedürfnisse besser einschätzen.

Mit diesem Buch hältst du einen Ratgeber in den Händen, der dir grundlegendes Wissen für das Zusammenleben mit deinem Hund vermittelt: Du lernst, ihn zu lesen. Wichtig ist dabei, dass es nicht die eine Regel gibt, die besagt: „Wenn das linke Ohr des Hundes nach vorn geht, dann bedeutet das immer das und das!" Es ist eher ein bisschen wie puzzeln. Du musst alle körpersprachlichen Details zusammen betrachten, jedes Mal die Gesamtsituation mit einbeziehen und alles, was du sonst noch über deinen Hund weißt. Je mehr Teile du zusammenpuzzelst, desto deutlicher siehst du das fertige Bild – also deine Vermutung. Deswegen wird es dir am leichtesten fallen, deinen eigenen Hund zu lesen. Den kennst du am besten. Du kennst seine Vorlieben, weißt, was er nicht mag und ob er vielleicht krank, müde oder hungrig ist. Und du hast die Möglichkeit, ihn in verschiedensten Situationen zu beobachten und daraus Rückschlüsse zu ziehen.

Wenn du mit diesem Buch ganz neu anfängst, die Fremdsprache „Hündisch" zu lernen, nimm dir Zeit. Wie bei jeder Fremdsprache braucht es Übung, du musst die Vokabeln erlernen und es dauert eine Weile, bis du die Sprache gut verstehst. Aber es lohnt sich, denn du wirst deinen Hund zunehmend besser kennenlernen und Situationen besser einschätzen können. Außerdem wirst du andere Hunde, denen du begegnest, besser verstehen und Dinge sehen, die dir vorher nie aufgefallen sind.

Du wirst beim Lesen dieses Buches immer wieder feststellen, dass etwas bei deinem Hund anders aussieht als von mir beschrieben. Das liegt zum einen an der Rasse. Es gibt eine große Bandbreite an verschiedenen Hunden – mit Steh- oder mit Schlappohren, mit Ringel- oder mit Stummelrute, Hunde mit einer höheren Körperspannung, die das Gangbild verändert, stark bemuskelte Hunde, kurzbeinige Hund, stark behaarte Hunde und viele mehr.

Unabhängig vom Aussehen hast du bei jedem Hund die Möglichkeit, Veränderungen

wahrzunehmen. Auch bei Schlappohren kann man beispielsweise die Ohrenhaltung erkennen, indem man sich auf die Ohrwurzel konzentriert, also auf den Teil, wo das Ohr an den Kopf angewachsen ist. Dort kannst du jede Veränderung fast genauso gut feststellen wie bei Stehohren. Hat dein Hund vielleicht eine Ringelrute, die er meist eingekringelt über dem Rücken trägt? Selbstverständlich ist diese Haltung ganz anders als bei einer Sichelrute, die halbmondförmig unterhalb der Rückenlinie getragen wird. Veränderungen siehst du aber in der Regel am Rutenansatz – also dort, wo die Rute am Rücken beginnt. An dieser Stelle kannst du bei fast jeder Rutenform Veränderungen erkennen.

Wenn dein Hund anders kommuniziert als hier im Buch beschrieben, liegt das möglicherweise an seinen Besonderheiten als Individuum. Dieses Buch kann dir also nur Orientierung geben. Konzentriere dich anfangs am besten auf die Dinge, die du gut wahrnehmen kannst, statt auf jedes klitzekleine Detail. Du wirst wahrscheinlich feststellen, dass es bestimmte Körperpartien gibt, die dir besser Auskunft geben als andere. Bei meinem Hund konzentriere ich mich zum Beispiel mehr auf die Ohren als auf die Rute – er „redet" einfach mehr mit den Ohren.

Wenn du nun beginnst, deinen Hund genauer zu beobachten und zu lesen, vergiss nie, dass deine Rückschlüsse vollkommen falsch sein können. Wir gucken unseren Hunden nur vor den Kopf und können sie nicht fragen, ob wir recht haben. Bedenke, wie oft es zu Missverständnissen zwischen Menschen kommt, obwohl sie die gleiche Sprache sprechen. Kein Wunder, dass das erst recht zwischen Mensch und Hund passiert, also mit zwei unterschiedlichen „Sprachen".

Wichtig ist daher, dass du offenbleibst, deine Vermutungen hinterfragst und sie vor allem wohlwollend formulierst. Wenn du mit deiner Annahme falsch liegst, darf das deinem Hund keinesfalls schaden!

Aussagen wie „Der führt mich gerade vor!" oder „Der ist dominant!" sind bei uns Menschen mit Vorurteilen behaftet. Die damit verbundenen Gedanken und Emotionen verändern deinen Blick und deine Haltung gegenüber dem Hund. Du möchtest vermutlich keinen Hund, der dich vorführt. Sagst du stattdessen, dass dein Hund ein Problem in der entsprechenden Situation hat, ist das mit einer anderen inneren Einstellung verbunden und du wirst das Verhalten dementsprechend anders bewerten.

Jetzt wünsche ich dir viel Spaß beim Lesen dieses Buches. Du kannst es gern von vorn nach hinten durchlesen, aber auch direkt zu den Kapiteln springen, die dich gerade am meisten interessieren. Beides ist möglich. Ich hoffe, du wirst das Buch lieben und es noch viele Jahre immer mal wieder als Nachschlagewerk nutzen. Auch dafür ist es gemacht.

Liebe Grüße!

Deine
Christiane Jacobs

Meinen Kleinpudelrüden Knicka wirst du in den Beispielen besser kennenlernen.

Input für dein Inneres Auge

Mir ist es wichtig, dass du beim Lesen der Beschreibungen in diesem Buch möglichst oft ein klares Bild vor Augen hast. Daher möchte ich dir hier Lexi vorstellen. Sein Name kommt von „Lexikon" (Wörterbuch) und du wirst ihm auf den folgenden Seiten häufig begegnen. Die Zeichnungen mit Lexi – meine „Sprich Hund!"-Körpersprachies – geben dir eine Übersicht über den Basisausdruck des beschriebenen Verhaltens/der beschriebenen Emotion. Auf so einer Zeichnung erkennt man die einzelnen Details genauer, weil der Hund bewusst einfach strukturiert ist.

Außerdem findest du im Buch zahlreiche Fotos, die spezifische Besonderheiten verdeutlichen. Körpersprache ist individuell und die genaue Ausprägung der einzelnen Signale hängt unter anderem von der Veranlagung, den im bisherigen Leben gemachten Lernerfahrungen und nicht zuletzt vom äußeren Erscheinungsbild des jeweiligen Hundes ab. Deshalb habe ich verschiedenste Hunde ausgewählt, die ein breites Spektrum an Rassen und Mischlingen abdecken.

Und weil manchmal auch konkrete Beispiele zum tieferen Verständnis beitragen, plaudere ich immer wieder aus dem Nähkästchen und erzähle dir von meinen persönlichen Erfahrungen, die ich mit meinem Kleinpudelrüden Knicka gemacht habe.

Ich hoffe, all das hilft dir, das Gelesene vor deinem inneren Auge zu sehen und dich dadurch noch besser in deinen Hund (und andere Hunde) hineinzuversetzen.

Basics zur Körpersprache

Bevor wir im Verlauf dieses Buches immer tiefer in die Einzelheiten der Körpersprache von Hunden eintauchen, möchte ich dir eine Richtlinie geben, mit der du sehr schnell einschätzen kannst, was dein Hund als Nächstes tun wird.

Sie basiert auf einer Idee von Dr. Ute Blaschke-Berthold: Ausgehend von einer entspannten Körperhaltung verrät dir die Richtung der zu beobachtenden Veränderungen, was in deinem Hund vorgeht und was vermutlich passieren wird. Du kannst dir hierfür Pfeile an deinem Hund vorstellen.

Nehmen wir als Beispiel Lexi, der entspannt auf einer Wiese steht. Plötzlich taucht in einiger Entfernung ein anderer Hund auf. In der Regel wirst du nun bei beiden Hunden Veränderungen beobachten. Wir konzentrieren uns auf Lexi. Vielleicht verändert sich seine Haltung wie auf der ersten Zeichnung: Seine Ohren gehen nach vorn, er drückt die Beine ganz durch (dadurch wirkt er größer) und seine Rute hebt sich weit über die Rückenlinie an. Sein Körperschwerpunkt geht nach vorn, er hebt die Lefzen und schiebt seine Maulwinkel nach vorn. Wenn du jetzt Richtungspfeile an Lexi zeichnen würdest, wären diese hauptsächlich nach oben und nach vorn gerichtet.

Es kann auch sein, dass Lexi eher so aussieht wie auf der zweiten Zeichnung gezeigt: Diesmal gehen bei Lexi die Ohren nach hinten, die Rute wird zwischen die Beine geklemmt und die Läufe knicken ein (dadurch wirkt er kleiner). Er senkt seinen Kopf und wendet ihn ein wenig vom Gegenüber ab. Würdest du wieder Richtungspfeile an Lexi zeichnen, wären es dieses Mal hauptsächlich welche, die nach hinten/unten zeigen.

Diese Pfeile verraten dir schnell, was im Hund vorgeht. Die Faustregel besagt: Je mehr

Bewegungen/körpersprachliche Details nach vorn/oben gerichtet sind, desto wahrscheinlicher ist es, dass die nächste Aktion des Hundes ebenfalls in diese Richtung - also nach vorn - geht. Ebenso ist es andersherum: Je mehr Bewegungen/körpersprachliche Details nach hinten und/oder unten gerichtet sind, desto wahrscheinlicher ist es, dass deinem Hund nach Rückzug zumute ist, er also mehr Distanz möchte.

Wenn du nun statt Lexi deinen eigenen Hund beobachtest, fällt dir vielleicht auf, dass die Zeichen nicht ganz so eindeutig sind, wie es sich hier in der Theorie anhört. Seine Ohren gehen zum Beispiel nach vorn, die Rute geht aber nach unten. Keine Sorge, dein Hund ist nicht „kaputt". Vermutlich weiß er in dem Moment noch nicht so richtig, wie er sich in der Situation verhalten soll. Er befindet sich womöglich in einem Konflikt. In diesem Fall verraten dir weitere Veränderun-

Tipp

Gerade zu Anfang wirst du vermutlich feststellen, dass du gar nicht so schnell gucken kannst, wie dein Hund sich bewegt und wie sich körpersprachliche Details verändern. Dann ist es sinnvoll, dass du dir Körperteil für Körperteil vornimmst. Beobachte erst mal einige Tage lang nur die Ohren, danach vielleicht einige Zeit lang nur die Rute, später intensiv nur den Körperschwerpunkt und so weiter.
Je besser du dein Auge und dein Gehirn schulst, desto mehr Details wirst du mit der Zeit gleichzeitig wahrnehmen können. Für deinen Alltag mit Hund ist es von großem Vorteil, wenn du immer genauer erkennst, wie dein Hund sich in verschiedenen Situationen fühlt, und zunehmend besser vorhersagen kannst, was er als Nächstes tun wird.

Je mehr Details nach vorn und/oder oben gerichtet sind, desto eher wird der Hund nach vorn gehen.

Je mehr Details nach hinten und/oder unten gerichtet sind, desto eher wird der Hund nach hinten gehen.

Uneindeutige oder widersprüchliche Signale zeigen, dass der Hund sich in einem Konflikt befindet.

gen, was in deinem Hund vorgeht. Das nächste Körperteil, das nun die Position/ Richtung verändert, gibt dir sehr wahrscheinlich Aufschluss, wohin die Reise geht. Wenn du diese nächste Veränderung wahrnimmst, hast du eine sehr gute Möglichkeit, rechtzeitig ins Geschehen einzugreifen. Beispielsweise kannst du erwünschtes Verhalten punktgenau verstärken. Angenommen, du wünschst dir, dass dein Hund sich vom anderen Hund abwendet, und er nimmt seine Ohren zurück. Dann ist genau jetzt der Moment, in dem du deinen Hund unterstützen solltest, denn jede Hilfe oder Bestätigung, die er nun bekommt, kann dazu führen, dass er das Gewünschte tatsächlich tut.

Verlagert dein Hund seinen Körperschwerpunkt allerdings in Richtung seines Gegenübers, gibt dir das den Hinweis, dass er sich gleich auf den anderen Hund zubewegen wird. Möchtest du das nicht, hast du noch ausreichend Zeit, deinen Hund freundlich anzusprechen und das Verhalten in diesem frühen Stadium mit einem Alternativverhalten zu unterbrechen. Je eher du solche Situationen freundlich unterbrichst, desto größer ist die Chance, dass dein Hund es noch schafft, sich abzuwenden.

Entspannt in den Tag

Um deinen Hund lesen zu können, musst du zunächst wissen, wie er entspannt aussieht. Das klingt einfach, ist manchmal aber eine echte Herausforderung, weil dein Hund in seiner Umwelt ständig Reizen ausgesetzt ist. Auf diese reagiert er entsprechend häufig, sodass er statt entspannt beispielsweise neugierig und aufgeweckt durch die Gegend läuft. Du solltest daher in möglichst reizarmer Umgebung beobachten, wie die körpersprachlichen Details bei deinem entspannten Hund aussehen. Achte auf Situationen, in denen du ziemlich sicher bist, dass dein Hund entspannt ist. Ein günstiger Moment wäre etwa zu Hause, wenn dein Hund von einer Liegestelle zur nächsten geht.

Auf der Zeichnung siehst du Lexi mit seinen „Durchschnittsanzeichen" für Entspannung, die auf deinen eigenen Hund nicht zwingend alle zutreffen müssen. Schau genau hin, was bei deinem Hund passt und was vielleicht ganz anders ist. Fertige dir für deinen Hund eine eigene Skizze an, um all seine körpersprachlichen Details für dich herauszuarbeiten. Auch ein Foto ist eine gute Möglichkeit – Fotos eignen sich prima, um zu vergleichen und Veränderungen im Laufe des Zusammenlebens festzustellen.

Lass uns jetzt alle körpersprachlichen Merkmale eines entspannten Hundes durchgehen: Wir beginnen mit dem Kopf. Was kannst du hier alles beobachten? In der Regel befindet sich der Kopf leicht oberhalb der Rückenlinie, die Ohren werden neutral gehalten – also mittig, eventuell leicht nach vorn gerichtet –, die Augen sind mandelförmig (oval) und der Fang ist leicht geöffnet. Dabei hängen die Lefzen entspannt nach unten. Bei vielen Hunden mit längerem Fell kann man den geöffneten Fang nur schwer erkennen, weil die Haare die Sicht verdecken. Bei manchen Hunden hängt die entspannte Zunge ein

Bei einem entspannten Hund wirken die Bewegungen weich und fließend.

Stück aus dem Maul heraus. Der Körperschwerpunkt liegt mittig. Das heißt, du siehst weder ein Nach-vorn-Lehnen noch ein Nach-hinten-Ausweichen. Die Beine sind entspannt und befinden sich in „Normalposition" – weder stark durchgedrückt noch eingeknickt.

Ein weiteres wichtiges Indiz für einen entspannten Hund ist die Körperspannung, die möglichst gering sein sollte. Das heißt, der Hund macht weiche und fließende Bewegungen. Du siehst einen lockeren Gang, die Wirbelsäule schwingt dabei oft ein wenig nach links und rechts. Es gibt allerdings Hunderassen mit einer erhöhten Grundspannung. Zu diesen zählen Terrier. Ihre Bewegungen wirken auch bei Entspannung insgesamt steifer, der Gang sieht häufig etwas staksig aus und die Wirbelsäule schwingt wenig bis gar nicht.

Achte bei deinem Hund auch auf die Atmung. Wenn dein Hund entspannt ist, atmet er ruhig und gleichmäßig. Gerade bei Hunden mit wenig Fell kann man das gut erkennen. Ermittle für deinen Hund einen Durchschnittswert für entspannte Atmung. Dafür zählst du gelegentlich, wie oft sich die Brust/der Bauchbereich pro Minute hebt und senkt. Man sagt, ein gesunder Hund hat eine Atemfrequenz von 10 bis 40 Atemzügen pro Minute. Unter anderem hängt die Atemfrequenz von der Körpergröße ab: Kleine Hunde atmen schneller als große Hunde.

Je besser du den entspannten Zustand deines Hundes kennst, desto klarer wirst du Veränderungen wahrnehmen. So kannst du nicht nur zukünftiges Verhalten vorhersagen, sondern du siehst auch, wie es deinem Hund gerade geht.

Bei Schmerzen verändert sich Körpersprache eines Hundes zum Beispiel oft nur minimal, denn Hunde sind wahre Meister im Verstecken von Schmerzen. Wenn du die „Basis" deines Hundes gut kennst, wird dir deutlich schneller auffallen, dass etwas nicht stimmt.

Neugierig durchs Leben

Wie sieht dein Hund aus, wenn er neugierig ist? Stell dir dafür folgende Situation vor: Du zeigst deinem Hund ein neues Spielzeug und er schaut es interessiert an, vielleicht hält er sogar seinen Kopf ein kleines bisschen schief. In dem Moment ist klar zu erkennen, dass seine ganze Aufmerksamkeit bei dem Spielzeug ist. Er möchte es gern näher betrachten, beschnüffeln und vielleicht sogar ins Maul nehmen.

Draußen in der Umwelt wecken zahlreiche unterschiedliche Dinge die Aufmerksamkeit deines Hundes. Der entspannte Ausdruck verändert sich dann dahingehend, dass der Hund nun etwas fokussierter wirkt - auf das, was ihn gerade interessiert.

Schauen wir uns wieder Lexi an, der draußen in der Ferne etwas entdeckt, das er spannend findet: Zuerst wird er vermutlich seinen Kopf leicht anheben, wahrscheinlich auch, um besser sehen zu können - aus einer höheren Position hat man meistens einen besseren Überblick. Der zuvor leicht geöffnete Fang schließt sich womöglich, die Zunge ist im Maul und nicht sichtbar. Die Augen werden etwas größer, sind jetzt also nicht mehr so mandelförmig, und der Blick ist gezielt auf das Entdeckte gerichtet. Die Körperspannung nimmt ein bisschen zu und Lexi drückt die Beine durch, was ihn ein Stück größer wirken lässt. Auch die Rute wird oft angehoben.

Häufig bleibt Lexi in einer solchen Situation kurz stehen, um sich auf Distanz genauer anzuschauen, was er da entdeckt hat. Einen Moment bevor er wieder losläuft, verlagert sich der Körperschwerpunkt nach vorn. Ist das Interesse komplett geweckt, wird sich Lexi der Entdeckung nähern und diese erkunden. Dafür schnüffelt er sowohl

AUFMERKSAM/NEUGIERIG

Ohren: leicht nach vorn/oben

Augen: etwas weiter als mandelförmig

Körper: steht mittig ausbalanciert ggf. etwas nach vorn

Kopf: leicht angehoben

Fang: locker geschlossen

Rute: leicht oberhalb der Rückenlinie

Zunge: nicht sichtbar

Beine: entspannt, ggf. etwas durchgedrückt

in der Luft als auch am Boden – zunächst oft aus einiger Distanz, um weitere Infos zu bekommen. Dann folgt der Direktkontakt: Artgenossen/Menschen werden beschnüffelt, Gegenstände werden genauer unter die Lupe genommen und gegebenenfalls mit dem Maul erkundet, Fressbares wird nach Prüfung gefressen.

Dass ein Hund neugierig und aufmerksam durch die Welt läuft und Dinge untersuchen möchte, ist vollkommen normal. Durch genau diese Neugierde lernen Hunde, Situationen, Gegenstände und andere Lebewesen einzuschätzen. Sie legen auf diese Weise fest, was für sie bedrohlich und was eher harmlos ist.

Du solltest wissen, dass die restliche Wahrnehmung reduziert ist, wenn ein Hund etwas Bestimmtes stark im Fokus hat. Es kann beispielsweise sein, dass der Hund ein herannahendes Auto gar nicht wahrnimmt, weil er sich gerade auf einen Artgenossen konzentriert, der auf der anderen Straßenseite läuft. Der Mensch muss in solchen Situationen den Überblick behalten und Sorge tragen, dass nichts passiert. Ist sein Interesse geweckt, möchte der Hund meist auch tatsächlich zu seiner Entdeckung hin. Das geht natürlich nicht immer. Je früher der Mensch dann eingreift, den Hund also beispielsweise anspricht und umlenkt, desto größer ist die Chance, dass das auch klappt. Je geringer die Distanz ist, desto schwieriger wird es dem Hund fallen, sich abzuwenden oder gar wegzugehen.

Beobachte deinen Hund in den nächsten Tagen genau, und du wirst schnell erkennen, mit welchen individuellen körpersprachlichen Details er seine Neugierde ausdrückt. Es kann gut sein, dass er nicht alles zeigt, was ich gerade aufgezählt habe. Oftmals ist es nur der fokussierte Blick, der dir den Hinweis gibt, dass dein Hund gerade etwas für ihn Interessantes entdeckt hat, das er sich näher anschauen möchte. Wenn du solche kleinen, feinen Signale erkennst, wirst du immer früher vorhersagen können, was dein Hund als Nächstes tun wird, und kannst entscheiden, ob das okay ist. Falls nicht, kannst du ihn rechtzeitig umlenken.

Und plötzlich ist da die Angst …

Klar: Wenn ein Hund so große Angst hat und diese so deutlich wie Lexi auf der Zeichnung zeigt, dann erkennt das jeder sofort und intuitiv. Der tief abgesenkte Kopf, der geschlossene Fang mit weit nach hinten gezogenen Maulwinkeln, die nach hinten an den Kopf angelegten Ohren, die weit aufgerissenen Augen, die eingeknickten Läufe und der dadurch abgesenkte Körper, oft mit aufgewölbtem Rücken, die eingeklemmte Rute und der vom Angstauslöser weggerichtete Körperschwerpunkt sind offensichtliche und unmissverständliche Anzeichen für Angst. Wenn der Hund in dem Moment bellt, dann meist sehr hoch und schrill.

Siehst du einen solchen Hund, weißt du, dass er gerade einfach nur weg von der Bedrohung möchte. Ein derart stark verängstigter Hund ist nicht mehr in der Lage, klar zu denken und rational zu handeln. Sein Gehirn hat in den „Automatikmodus" geschaltet, und das einzige Ziel besteht darin, der Gefahr irgendwie zu entkommen – davor zu flüchten.

Nicht selten haben Hunde Angst vor Dingen, die wir Menschen nicht nachvollziehen können. Da liegt der Gedanke nah: „Da muss er jetzt durch. Dann wird er selbst feststellen, dass ihm nichts Schlimmes passiert." Leider ist es nicht so einfach. Wenn ein Hund so extrem reagiert, dann passiert ihm aus seiner Sicht gerade etwas Schlimmes, er fühlt sich bedroht und hat möglicherweise sogar Angst um sein Leben. Zerrt der Mensch ihn nun durch die beängstigende Situation hindurch, belastet das in erster Linie die Mensch-Hund-Beziehung und im ungünstigen Fall kann die Angst dadurch weiter verstärkt werden. Es kann auch passieren, dass der Hund in seiner Not Aggressionsverhalten zeigt, weil er sich nicht mehr anders zu helfen weiß. Das ist keine wünschenswerte Strategie, zumal der Hund sie von nun an in ähnlichen für ihn beängstigenden Situationen wahrscheinlich immer häufiger wählen wird.

Viel sinnvoller ist es daher, mit einem ängstlichen Hund einen gemeinsamen Weg zu suchen, der ihm auf lange Sicht die Angst nimmt und die Situation für ihn beherrschbar macht. Sollte dein Hund derart starkes Angstverhalten zeigen, musst du dir klarmachen, dass das seine Lebensqualität stark einschränkt. Falls es in eurem Alltag viele Situationen gibt, die dieses Angstverhalten auslösen, oder eine bestimmte Situation, der dein Hund häufig ausgesetzt ist, suche dir einen guten Trainer, der euch unterstützt. Achte unbedingt darauf, dass das Training gewaltfrei und belohnungsbasiert ist, dann habt ihr sehr gute Chancen, die Angst in den Griff zu bekommen.

Angst oder auch Unsicherheit muss sich aber nicht immer so deutlich zeigen. Gerade bei Unsicherheit sind oft nur wenige, feine Anzeichen sichtbar. Denn bevor man überhaupt irgendetwas von außen erkennen kann, passiert bereits sehr viel im Inneren des Hundes.

Herauszufinden, woran du bei deinem Hund erkennst, dass er verunsichert ist oder gar Angst bekommt, bedeutet wieder ein

ÄNGSTLICH

Ohren: nach hinten/unten

Körper: abgeduckt mit rundem Rücken

Augen: weit aufgerissen und rund, Pupillen geweitet

Kopf: abgesenkt oder auf Höhe der Rückenlinie

Rute: unterhalb der Rückenlinie, meist eingeklemmt

Fang: Lippenspalte stark nach hinten gezogen und spitz zulaufend

Beine: eingeknickt, Hinterbeine zum Teil unter dem Körper

Zunge: angespannt im Maul

Zähne: nicht sichtbar

Ein geschlossener Fang kann auf ängstliche Anspannung hindeuten.

kleines bisschen Detektivarbeit. So gibt es Hunde, bei denen sich die Rute offensichtlich ein Stück weit senkt; bei einer hoch getragenen Rute (etwa einer Ringelrute) bewegt sich der Ansatz ein bisschen nach hinten. In einer Hundebegegnung wird vielleicht die Analregion mit der Rute abgedeckt; der Hund möchte dann möglichst wenig von sich preisgeben. Bleibt die Rute bei einer Begegnung oben, aber dein Hund springt weg, sobald sich der andere seiner Analregion nähert, erkennst du seine Unsicherheit daran. Bei vielen Hunden wölbt sich der Rücken auf, bedingt dadurch, dass die Hinterbeine unter dem Körper positioniert werden, also nicht mehr ein Stück nach hinten rausstehen.

Der Fang schließt sich, was durch die erhöhte Anspannung zu erklären ist. Die Ohren werden in der Regel zurückgelegt. Wir kommen später im Buch noch darauf zu sprechen, dass zurückgelegte Ohren nicht zwingend auf Angst oder Unsicherheit hindeuten müssen.

Du wirst beim Lesen ohnehin noch feststellen, dass viele körpersprachliche Details mehrere Bedeutungen haben – alles andere wäre ja auch zu einfach.

Ich brauche mehr Abstand!

Unsicheres Drohen, auch defensive Aggression oder Angstaggression genannt, sehen wir gerade bei unsicheren Hunden im Alltag relativ häufig, insbesondere bei Hundebegegnungen, wenn ein Hund sich durch einen anderen bedroht fühlt und nicht die Distanz bekommt, die er eigentlich braucht.

Lexis entsprechender Ausdruck wirkt auf uns Menschen in erster Linie bedrohlich. Oft nehmen wir nur die gefletschten Zähne, den fliegenden Speichel und das bedrohliche, oft mit Belllauten vermischte Knurren wahr. Die restlichen Details übersehen wir dann, zumal sie nicht immer so klar und deutlich wie hier auf der Zeichnung gezeigt werden.

Hat der Hund bereits gelernt, dass der Angriff ihm in solchen unangenehmen Situationen die nötige Distanz verschafft, verschwinden diese Anzeichen sogar ganz – aus einem unsicheren Drohen wird mit der Zeit ein sicheres Drohen.

Schauen wir uns die bei Lexi deutlich gezeigten Details genau an: Er hebt seine Lefzen, dabei werden die Zähne sichtbar – trotz nach hinten gezogener Maulwinkel. Der Kopf ist unterhalb der Rückenlinie abgesenkt, die Ohren sind nach hinten gerichtet, die Augen sind mandelförmig bis schlitzförmig und oftmals ist auch Weiß im Auge zu sehen. Der Körperschwerpunkt ist nach hinten verlagert, die Beine sind eingeknickt und die Rute ist zwischen den Hinterläufen eingekniffen. Lautäußerungen sind in diesem Zusammenhang oft sehr hochtönig und deuten auf hohe Erregung hin. Wenn du dir jetzt die Pfeile dazu denkst, die ich dir zu Anfang des Kapitels erklärt habe, wirst du erkennen, dass viele Ausdrucksstrukturen nach hinten/unten weisen. Ein Indiz dafür, dass der Hund eine Distanzvergrößerung erreichen und sich eigentlich wegbewegen möchte. Da drängt sich die Frage auf: Warum geht er trotzdem

knurrend, schnappend und zähnefletschend nach vorn? Die Antwort lautet: Weil er sich in dem Moment (stark) bedroht fühlt, die Bedrohung aber schon zu nah ist oder sich gerade noch weiter annähert. Aus Sicht des Hundes bleibt jetzt nur noch ein Strategiewechsel, nämlich die sprichwörtliche „Flucht nach vorn". Manchmal gibt es tatsächlich keinen anderen Ausweg, weil der Hund beispielsweise in einer Ecke steht, aus der er nicht herauskommt, ohne sich auf die Bedrohung zuzubewegen. Häufig beruht das Verhalten

Der Hund links droht, Ohren und Maulspalte sind aber zurückgezogen. Vermutlich erwartet er, dass der andere die Ressource verteidigt.

aber auch auf Lernerfahrungen. Hat der Hund in der Vergangenheit festgestellt, dass ihm Weggehen oder deeskalierende Signale nichts bringen, die Bedrohung aber durch Nach-vorn-Gehen und Angreifen verschwindet, wird er diese für ihn einzig effektive Lösung öfter nutzen. Je nach Bedrohung meint es ein solcher Hund dann wirklich ernst. Deshalb kann es sein, dass das Verhalten weiter eskaliert und der Hund nicht mehr nur schnappt, sondern richtig zubeißt, auch wenn er das bisher noch nie gemacht hat.

Ein unsicher drohender Hund setzt in solchen Situationen möglichweise auch nach, obwohl sein Gegenüber deeskalierendes Verhalten zeigt und sich abwendet oder auf Distanz geht. Ein sicher drohender Hund würde sich hingegen zurücknehmen. Das liegt daran, dass der unsicher drohende Hund nicht bewusst und überlegt, sondern reaktiv handelt. Er befindet sich sozusagen im „Tunnel" und kann nicht klar denken. Menschen werten solches Verhalten oft als hinterhältig oder böse, aber das ist es nicht. Mach dir klar, dass der Hund aus Angst handelt. Er bangt gerade um sein Leben und will seine Haut retten. Ich glaube, dann wirst du diese Reaktion sehr gut nachvollziehen können. Ein solcher Hund ist in Not. Er braucht Hilfe und vor allem Abstand vor der Bedrohung.

Selbstverständlich kann der Hund durch geeignetes Training lernen, mit seiner Angst umzugehen und andere Strategien zu zeigen, etwa durch Weggehen die nötige Distanz herstellen. Dafür solltest du die körpersprachlichen Anzeichen deines Hundes gut kennen, insbesondere solltest du wissen, wie er vor dem eskalierenden Verhalten aussieht. Dann kannst du rechtzeitig reagieren und dein Hund muss vielleicht gar nicht mehr so deutlich werden. Wird er es doch, war der Abstand wohl zu gering. Hab Verständnis für deinen Hund. Er kann nichts dafür. Ihr müsst noch ein bisschen weiterüben.

Bereit zum Angriff!

Hier siehst du, wie Lexi deutlich sagt, dass er Abstand möchte. Er droht offensiv – auch sicheres Drohen genannt. Seine körpersprachlichen Signale sind vor allem nach vorn/oben gerichtet. Zeichne gern gedanklich die Richtungspfeile in die Zeichnung ein – das macht es für dich noch mal etwas besser erkennbar.

Lexi hebt seine Lefzen, die Mundwinkel sind dabei nach vorn geschoben, seine vorderen Zähne sind sichtbar, der Nasenrücken kräuselt sich. Der Kopf ist deutlich angehoben, die Ohren sind nach vorn gerichtet und der Blick ruht auf dem Gegenüber, das nicht näher kommen soll. Auch die Körperachse ist dorthin ausgerichtet, der Körperschwerpunkt ist nach vorn verlagert, die Beine sind durchgedrückt und die Rute ist hoch erhoben. Wenn der Hund jetzt knurrt, ist das Knurren meistens tief.

Mit diesem sehr offensiven Erscheinungsbild zeigt der Hund seinem Gegenüber, dass er durchaus zu einer aggressiven Auseinandersetzung bereit ist. Es wirkt imponierend und soll das Gegenüber erst einmal auf Distanz halten, vielleicht sogar vertreiben.

Im weiteren Verlauf kannst du oft beobachten, dass sich bei steigender Angriffstendenz Kopf und Rute des Hundes absenken, bis sie mit der Wirbelsäule eine Linie bilden. Die Annäherung an das Gegenüber geschieht oft in einer schleichenden Bewegung – man spricht auch vom Lauern.

Relativ häufig lassen sich diese körpersprachlichen Details beobachten, wenn sich

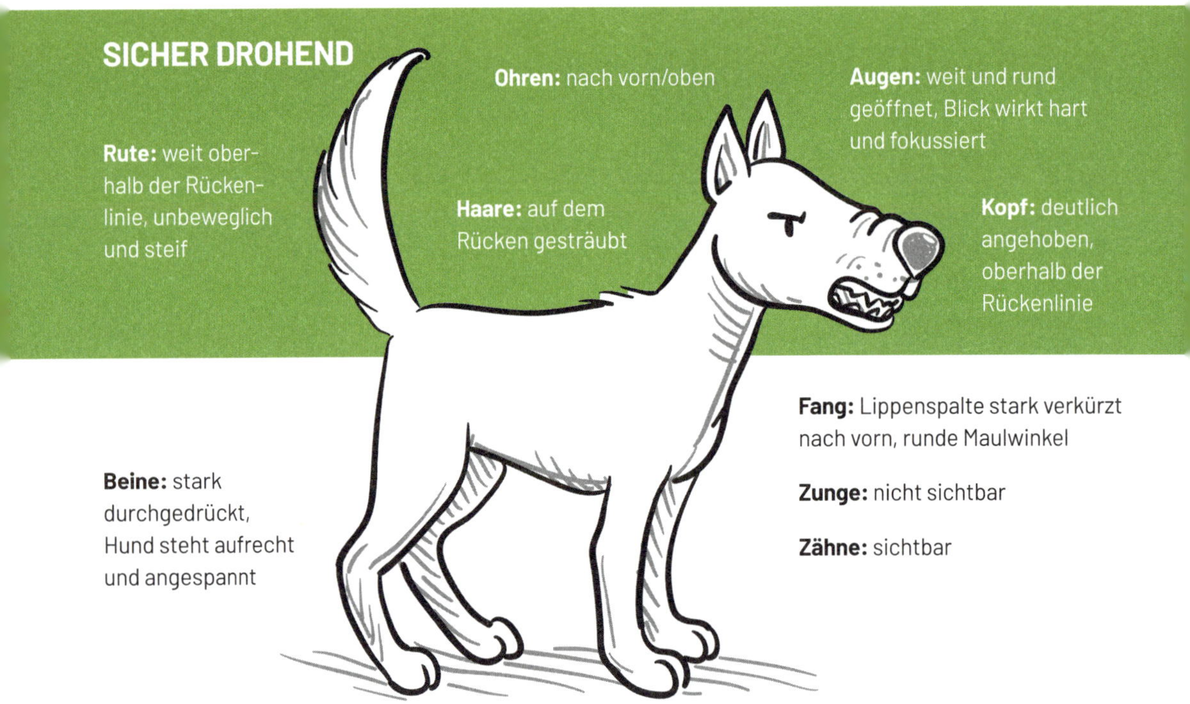

Dieses Drohen soll das Gegenüber auf Abstand halten - direkter Blickkontakt, frontal ausgerichtete Körperachse und nach vorn verlagerter Körperschwerpunkt (besonders weit wegen der Leine).

zwei fremde Hunde einander annähern – dann oftmals mit geschlossenem Fang, ohne gebleckte Zähne. Welche Rückschlüsse kannst du daraus ziehen? Du meinst, der Hund sagt so was wie: „Komm her und du kriegst die Lektion deines Lebens! Auf so einen wie dich habe ich heute nur gewartet!" ? Das ist denkbar, aber in den meisten Fällen kommt es bei solchen Begegnungen nicht zu ernsthaftem Aggressionsverhalten. Deswegen liegt die Vermutung nahe, dass Drohverhalten bei Annäherungen oft eine regulierende Funktion hat. Es signalisiert dem entgegenkommenden Hund: „Hey, komm langsamer und/oder nicht so direkt auf mich zu!"

Betrachte dieses Verhalten bei deinem Hund in erster Linie als Zeichen dafür, dass er ein Problem mit seinem Gegenüber hat und dessen Annäherung so nicht möchte. Deine Aufgabe ist es jetzt, die aktuelle Situation entsprechen umzugestalten, sodass dein Hund sie vermeiden kann. Sollte dein Hund häufig solches Drohverhalten zeigen, ist es sinnvoll, ihm ein Alternativverhalten beizubringen. Er kann lernen, dass er selbst weggehen und so die Distanz vergrößern kann. Häufig hören diese Hunde dann auf zu drohen oder zeigen das Drohverhalten nur noch bei beengten Platzverhältnissen.

Sicheres Drohen bedeutet übrigens nicht zwingend, dass der Hund tatsächlich selbst-

Die hohe Körperspannung und das Abschirmen des Stocks durch Kopf und Kinn, zeigen deutlich, dass der Dalmatiner die Ressource behalten möchte.

sicher ist. Die ursprüngliche Emotion könnte Unsicherheit gewesen sein. Dann hat der Hund dieses Verhalten gelernt, um sich andere vom Leib zu halten. Nicht selten sieht man bei einem Hund eine Körpersprache, die zwischen unsicher drohend und sicher drohend einzuordnen ist. Ein solcher Hund befindet sich wahrscheinlich in einem Konflikt und braucht Hilfe, um die richtige Entscheidung zu treffen. Du kannst ihn unterstützen, indem du besonnen agierst und geeignete Alternativen anbietest.

Sicheres Drohverhalten wird oft auch bei der Sicherung oder Verteidigung einer Ressource gezeigt. Das kann ein leckerer Kauknochen sein, aber auch alles andere, was dem Hund gerade wichtig erscheint. In diesem Zusammenhang wird, zusätzlich zu den anderen körpersprachlichen Details, meist der Kopf über die Ressource gehalten. So signalisiert der Hund seine Verteidigungsbereitschaft. Interessant ist, dass sich die Ausdrucksstrukturen bei Ressourcenverteidigung oftmals ändern, wenn sich ein Mensch statt eines Artgenossen der Ressource annähert. Man sieht dann mehr nach hinten oder unten gerichtete Details, beispielsweise werden die Ohren ein Stück zurückgelegt. Gut möglich, dass der Hund sich dem Menschen unterlegen fühlt oder bereits die Erfahrung gemacht hat, dass er in der Situation den Kürzeren zieht. Die Gefahr eines Angriffs – dass der Hund noch deutlicher wird – besteht aber weiterhin. Das Drohverhalten muss ernst genommen werden.

Sei dir bei Drohverhalten immer bewusst, dass dein eigenes Handeln zur Eskalation der Situationen beitragen kann. Kommen unangenehme Reize hinzu (Schimpfen, drohende Haltung des Menschen, Schreckreize...), kann sich der Hund dadurch gezwungen

sehen, seine Drohung wahr zu machen. Und das nicht, weil er „böse" ist, sondern weil seine vorherige Kommunikation nicht ernst genommen wurde.

Du solltest Drohverhalten bei einem Hund daher immer respektieren, dich erst mal deeskalierend verhalten und Distanz aufbauen. Eines ist klar: Aggressionsverhalten fühlt sich für den Hund in der Regel nicht gut an und macht ihm keinen Spaß! Der Körper bereitet sich auf eine Notsituation/auf einen Kampf vor.

Gut zu wissen: Schmerzen bei Hunden erkennen

Hunde sind wahre Künstler im Verbergen von Schmerzen. Anzeichen für Schmerz sind oft so subtil, dass wir sie schwer oder gar nicht erkennen. Werden Schmerzen deutlich gezeigt, etwa durch Zittern, Schmatzen, Speicheln oder heftiges Hecheln, sind sie meistens akut und stark. Latente chronische Schmerzen sind in der Regel weniger bedrohlich, beeinträchtigen die Lebensqualität deines Hundes jedoch erheblich. Daher möchte ich dir einige Punkte nennen, die auf Schmerzen hinweisen können.

Stressanzeichen: Zeigt dein Hund Stressanzeichen, für die du keinen ersichtlichen Grund findest? Dann könnten Schmerzen dahinterstecken, denn auch diese verursachen Stress. Der eine Hund kratzt sich vielleicht auffällig oft, ein anderer hechelt, ein dritter ist bellfreudiger oder reagiert in verschiedenen Situationen heftiger als sonst. Einen Überblick über mögliche Stressanzeichen findest du im entsprechenden Abschnitt auf Seite 72 in diesem Buch.

Wildes Spiel mit viel Bewegung bedeutet nicht zwingend, dass der Hund schmerzfrei ist.

Aggressionsverhalten: Auch das schon besprochene Aggressionsverhalten kann auf Schmerzen hindeuten, insbesondere, wenn es plötzlich und ohne erkennbaren Grund auftritt und/oder wenn es trotz angemessenem Training nicht nachlässt.

Angstverhalten: Für plötzlich und/oder scheinbar grundlos auftretende Ängstlichkeit oder Schreckhaftigkeit gilt das Gleiche. Du solltest genauer hinschauen und gegebenenfalls abklären, ob Schmerzen die Ursache sein könnten.

Jagdverhalten: Schmerzen können der Auslöser für plötzlich und/oder exzessiv auftretendes Jagdverhalten wie Buddeln, Mäuseauflauern oder Jagdspiele mit Ersatzbeute (Blätter jagen und Co.) sein. Sie bringen den Körper aus dem Gleichgewicht und der Organismus versucht, dieses Gleichgewicht wieder herzustellen. Beim Jagen werden Hormone ausgeschüttet, die gut tun. Außerdem lenkt das Jagdverhalten von den Schmerzen ab.

Veränderte Körperhaltung und/oder veränderter Bewegungsablauf: Bestimmte Körperhaltungen zeigen, dass etwas nicht stimmt. So sieht man bei Bauch- oder Rückenschmerzen oft einen hochgezogenen Rücken. Dabei verläuft die Wirbelsäule in einer deutlichen Kurve nach oben und die Hinterbeine sind unter den Körper gezogen.

Der Gang wirkt unrund, häufig wird ein Passgang gezeigt: Vorder- und Hinterbein einer Seite werden gleichzeitig vorwärtsbewegt, der Po des Hundes wackelt meistens sichtbar hin und her. Bei Bauchschmerzen wird oft auch die „Gebetshaltung" gezeigt: wiederholtes Dehnen mit den Vorderbeinen zum Boden, während die Hinterbeine aufrecht stehen.
Die Ohren sind bei Schmerzen oft nach hinten gezogen und der aufmerksame Beobachter bemerkt nicht selten auch eine (minimale) Veränderung der Rutenhaltung.
Die Körperspannung ist insgesamt erhöht, erkennbar an durchgedrückten Beinen, einem staksigen Gang und ruckartigen Bewegungen von Kopf und Ohren. Auch eine glatt gezogene Kopfhaut, Muskelwülste zwischen Augen und Maul sowie nach hinten gezogene Maulwinkel gehören zu den Anzeichen für Schmerzen. Zeichen für Anspannung sind auch in der Liege- und Schlafposition zu erkennen, etwa wenn der Kopf nicht mehr entspannt abgelegt wird oder die Beine angespannt an den Körper herangezogen werden. Bei manchen Hunden siehst du eine Piloerektion – also aufgestellte Rückenhaare – oder weit aufgerissene Augen, meist ist das Weiße sichtbar. Wenn dein Hund sich schüttelt, das Schütteln aber nicht von vorne bis zur Schwanzspitze durch den Körper geht, sondern irgendwo „stecken bleibt", ist das ebenfalls ein Hinweis darauf, dass etwas nicht stimmt.
Ein verändertes Gangbild wie der bereits beschriebene Passgang und auch erkennbares Humpeln sind genauso Anzeichen für Schmerzen wie das Vermeiden oder zögerliche Ausführen bestimmter Bewegungsabläufe, etwa Treppenlaufen oder Springen.

Berührungsempfindlichkeit: Falls dein Hund bestimmte Berührungen plötzlich unangenehm findet, und beispielsweise zusammenzuckt oder einfriert, wenn du ihn anfasst, solltest du ebenfalls an Schmerzen als Ursache denken. In diesem Zusammenhang bemerkst du vielleicht auch, dass er sich öfter an einen Ort verkriecht, an dem er in der Regel seine Ruhe hat oder der für dich schwer zugänglich ist.

Belecken/benagen von Körperstellen: Beobachtest du, dass dein Hund eine bestimmte Stelle länger als für normales Pflegeverhalten üblich beleckt oder benagt, solltest du sie dir genauer ansehen. Häufig zeigt dein Hund dir damit, wo es ihm gerade weh tut.

Bei allen Abweichungen, die auf Schmerzen hindeuten, ist selbstverständlich dein Tierarzt der richtige Ansprechpartner. Falls er die Ursache nicht findet, du aber weiterhin denkst, dass etwas nicht stimmt, hol dir eine Zweit- und gegebenenfalls auch eine Drittmeinung ein. Bei Problemen mit dem Bewegungsapparat würde ich empfehlen, zusätzlich einen Osteopathen oder Physiotherapeuten um Rat zu fragen. Höre bei all dem auf dein Bauchgefühl. Du kennst deinen Hund am besten und musst im Zweifelsfall Puzzleteil für Puzzleteil zusammenzufügen, um Hinweise auf die Ursache zu erhalten.

Wichtig

Wenn ein Hund aktiv ist, bedeutet dies nicht zwangsläufig, dass er dabei keine Schmerzen hat. Aktivität kann auch Ablenkung von Schmerzen sein. Merke dir: Verhalten, das exzessiv gezeigt wird, nicht leicht unterbrechbar ist oder plötzlich auftaucht, kann auf Schmerzen hindeuten.

Das 1 x 1 der Hundesprache

Im Folgenden wird es etwas genauer. Beginnend bei den Augen schauen wir uns Körperpartie für Körperpartie die wichtigsten Signale und ihre (mögliche) Bedeutung an. Denk wieder daran, dass bei deinem Hund nicht alles ganz genauso aussehen muss wie hier beschrieben. Es geht darum, dir einen Überblick zu geben, damit du dir durch Beobachten seine individuellen Ausdrucksformen erschließen kannst.

Ein Blick sagt mehr als tausend Beller

Der Blick eines Hundes gibt dir reichlich Informationen darüber, wie sich eine Situation entwickeln kann, und er verrät dir außerdem die Emotionen, die gegebenenfalls dahinterstecken.

Zunächst einmal zeigt dir der Blick deines Hundes, wofür er sich gerade interessiert. Lässt dein Hund bei eurem Morgenspaziergang seinen Blick durch die Welt schweifen, schnüffelt mal hier und da und setzt seine Urinmarken ab, kannst du schlussfolgern, dass er seine Umwelt wahrnimmt, aber nichts Spezielles im Fokus hat. Viele Hunde kennen sich in ihrer näheren Umgebung so gut aus, dass ihr Blick kaum oder selten an irgendwas länger hängen bleibt. Sie erleben ihre Umwelt als normal, haben viele Dinge als unwichtig abgespeichert und gehen deswegen einfach weiter, ohne jedem Detail besondere Aufmerksamkeit zu schenken. Was als alltäglich eingestuft wird, wird meistens nur sehr kurz angeschaut – deutlich unter 2 Sekunden. Manchmal ist der Moment so kurz, dass wir Menschen ihn gar nicht wahrnehmen. Nur was die Aufmerksamkeit weckt, wird genauer angeschaut, wobei sich das interessante Objekt/Lebewesen in großer Entfernung, aber auch ganz in der Nähe befinden kann. Eine Faustregel besagt: Schaut ein Hund irgendwo länger als zwei Sekunden hin, wird er sehr wahrscheinlich auch dorthin gehen. Zumindest ist seine komplette Aufmerksamkeit in dem Moment auf das Objekt oder das Lebewesen gerichtet. Je länger er hinschaut, desto unwahrscheinlicher wird es, dass er sich davon abwenden kann, ohne es genauer „untersucht" zu haben.

Bei Gegenständen kannst du häufig beobachten, dass sich der Hund langsam annähert, den Gegenstand beschnüffelt und vielleicht auch mit einer Pfote berührt oder ins Maul nimmt. Handelt es sich um Essbares, frisst er es im Anschluss womöglich. Mein Hund markiert nach so einer Situation häufig in der Nähe des Gegenstands, insbesondere, wenn er ihn vielleicht sogar etwas gruselig fand. Ich habe keine Ahnung, warum er das tut, könnte mir aber vorstellen, dass er auf diese Weise das Ganze für sich abhakt und ein „Okay" an der Stelle hinterlässt, sodass er beim nächsten Mal den Ort beziehungsweise das Objekt gleich als „in Ordnung" wahrnimmt. Aber das sind nur Spekulationen, wie so oft, wenn wir versuchen, das Verhalten unserer Hunde bis ins Detail zu verstehen.

Blickkontakt bei Hundebegegnungen

Kommen wir zurück zum Blick beziehungsweise zum Blickkontakt, den du bei Hundebegegnungen beobachten kannst. Stell dir dafür Lexi auf einer Hundewiese vor. Ein fremder Hund kommt ihm entgegen, den er heute zum ersten Mal trifft. Er sieht ihn kurz an, schaut dann aber direkt wieder weg, geht vielleicht ein bisschen schnüffeln, schaut dann noch mal kurz hin und nähert sich dabei dem

Kein direkter Blickkontakt sowie Abwenden und Schnüffeln deuten darauf hin, dass die Begegnung zwischen zwei Hunden entspannt verlaufen kann.

Hält ein Hund länger direkten Blickkontakt, will er in der Regel erreichen, dass sein Gegenüber auf Distanz bleibt.

anderen Hund an. Dieses kurz Hinschauen und wieder Wegschauen kommt beim anderen Hund normalerweise als deeskalierend an. Zeigt dieser nun das gleiche Verhalten, kannst du dir erst mal relativ sicher sein, dass beide Hunde entspannt in die Begegnung gehen.

Im Direktkontakt beschnüffeln sich beide Hunde meistens, manchmal setzt auch einer von ihnen – in unserem Beispiel Lexi – vorher für den anderen eine Urinmarke ab. Da Lexi dies als freundliche Kontaktaufnahme meint, schaut er dabei in der Regel nicht zum anderen Hund hin und entfernt sich dann von der Pinkelstelle. So kann der erste Kontakt ohne ein direktes Beschnüffeln stattfinden. Häufig wird der andere Hund nun die Urinmarke beschnüffeln, dazu markieren und weggehen. So macht er Lexi den Weg wieder frei, damit auch er weitere Infos sammeln kann. Finden die beiden Hunde sich nun interessant, kommt es anschließend zu einem Direktkontakt – wenn nicht, setzen sie ihren ursprünglichen Weg fort und trennen sich wieder.

Anders sieht das aus, wenn Lexi einen Hund in einer ähnlichen Situation längere Zeit anschaut. Manchmal wird der Blick zusätzlich fixierend und weitere körpersprachliche Details aus dem Drohverhalten kommen hinzu. Dieser direkte Blickkontakt wirkt auf den anderen Hund schnell bedrohlich und ist auch oft so gemeint, allerdings nicht unbedingt, weil der Hund auf Krawall gebürstet ist. Vielmehr möchte er mit diesem direkten Blickkontakt dem anderen klarmachen, dass dieser sich entweder nicht weiter annähern oder zumindest die Art und Weise der Annäherung verändern soll. Für die Reaktion des Gegenübers gibt es nun mehrere Möglichkeiten: Häufig wird die Art der Annäherung verändert, beispielsweise indem der Hund einen kleinen Bogen läuft oder die Geschwindigkeit ändert. Vielleicht bleibt er sogar ganz fern. Es kann allerdings auch sein, dass er seinerseits Drohverhalten zeigt. In diesem Fall werden sich die zwei Hunde oftmals einander annähern und sich dabei direkt anstarren. Die Erregung steigt deutlich, weil die Hunde nicht wissen, wie die Situation ausgehen wird. Sie zeigen auf diese Weise eine gewisse Bereitschaft für eine Auseinandersetzung – zumindest, wenn du noch weitere körpersprachliche Details siehst, die darauf hindeuten.

Wie für fast jedes Verhalten gibt es auch für direkten Blickkontakt mehrere Gründe. Es würde mich nicht wundern, wenn dir zusätzlich zu denen, die ich im Folgenden nenne, noch weitere einfallen. Manche Hunde haben bei Begegnungen schlicht Angst vor dem Gegenüber. Je nach Hundetyp, der ihnen entgegenkommt, können sie den Blick nicht abwenden – sie behalten die Gefahr sozusagen im Auge. Dass ein solcher Hund sich dabei nicht wohlfühlt, kann man sich gut vorstellen, oder?

Manchmal legen sich Hunde, die sich von ihrem Gegenüber bedroht fühlen, auch hin, während sie Blickkontakt halten. Kommt der andere Hund dann näher, springen sie auf, verbellen den Artgenossen oder starten ein wildes Herumgehopse.

Ein weiterer Grund für lang anhaltenden Blickkontakt kann sein, dass der Hund etwas hat, was er nicht hergeben möchte, beispielsweise einen Ball. Ein sich annähernder anderer Hund wird durch den direkten Blickkontakt auf Abstand gehalten. Diesmal geht es nicht zwingend darum, dass kein Kontakt gewünscht wird, sondern der Hund „beschützt" seinen Ball und macht deutlich, dass er diesen gern behalten möchte.

Zusammenfassend kann man sagen, dass lang anhaltender Blickkontakt auf das Gegenüber fast immer bedrohlich wirkt. Er dient als Aufforderung, Distanz zu halten, und beim Hund, der ihn zeigt, ist eine gewisse Anspannung vorhanden. Kurzer Blickkontakt wie oben beschrieben deutet hingegen auf gegenseitiges Interesse an einer Annäherung hin und darauf, dass die Situation vermutlich entspannt ablaufen wird. Dass es dafür keine Garantie gibt, leuchtet dir sicher ein. Im direkten Kontakt können immer noch Sachen passieren, die letztendlich doch Anspannung in die Begegnung bringen.

Stellst du fest, dass ein Hund nach dem ersten Wahrnehmen des Gegenübers konsequent wegguckt, also überhaupt keinen Blickkontakt mehr herstellt, ist das ein recht deutliches Zeichen dafür, dass der Hund keinen Kontakt möchte. Er zeigt offensichtlich Meideverhalten.

Mir ist klar, dass das viel Input sein kann, den du dir merken musst. Das alles mag erst mal sehr fremd klingen, aber bei genauerem Hinsehen läuft es bei uns Menschen sehr ähnlich ab. Probiere es mal aus und schaue einen fremden Menschen etwas länger direkt an. Du wirst schnell merken, dass die Spannung dabei steigt. Wenn du sehr lange hinschaust, wird wahrscheinlich auch dein Gegenüber mehr oder weniger deutlich zum Ausdruck bringen, dass dein Starren als unangenehm empfunden wird.

Achte auch mal auf Folgendes: Menschen, die dich gar nicht anschauen, werden dich zu 99 Prozent auch nicht grüßen. Und bei kurzen

Begegnungen, bei denen man sich freundlich grüßt, wirst du normalerweise auch ein kurzes Hingucken und Weggucken wahrnehmen können. Es gibt tatsächlich viele Ähnlichkeiten zum Verhalten unserer Hunde zu entdecken, die dir bisher vielleicht noch nicht bewusst waren.

Weiß im Auge

Und weil es so schön zum vorherigen Abschnitt passt – hier noch ein paar weitere Infos zum Auge. Sicherlich ist es dir schon aufgefallen, dass die Augen von Hunden anders aussehen als unsere. Bei uns Menschen sieht man immer Weiß (Lederhaut) um die Iris (Regenbogenhaut) herum, bei Hunden sieht man in der Regel nur die Iris mit der Pupille. Wenn man bei einem Hund doch einmal Weiß im Auge sieht, kann das mehrere Gründe haben. Diese schauen wir uns jetzt einmal an.

Walauge: Wenn du deinen Hund genau beobachtest, wirst du des Öfteren Weiß in den Augenwinkeln, oberhalb oder unterhalb des Auges sehen, mal mehr und mal weniger, je nachdem, wie weit das Auge insgesamt geöffnet ist. Das nennt sich dann Walauge (auch Whale-Eye oder Half-Moon-Eye genannt). Sichtbar wird das Weiße, weil der Kopf und die Augen nicht in die gleiche Richtung gerichtet sind. Dafür gibt es verschiedene Gründe:

Oft handelt es sich um ein Konflikt- oder Stresszeichen. Stell dir zum Beispiel einen Hund vor, der Angst vor Männern hat. Nun nähert sich ein fremder Mann an. Der Hund wendet daraufhin den Kopf leicht ab (damit macht er seinen Wunsch nach Abstand deutlich – er zeigt Meideverhalten), er kann die Augen aber nicht von dem Mann abwenden, weil er die mögliche Gefahr im Blick behalten muss. Durch diese entgegengesetzte Ausrichtung von Kopf und Augen wird Weiß in den Augenwinkeln sichtbar. Ein weiteres Beispiel ist, wenn der Hund einen leckeren Kauknochen hat und ein anderer Hund näher kommt. Häufig schiebt der Hund dann sein Kinn beziehungsweise seinen Kopf über den auf der Erde liegenden Kauknochen, um diesen abzuschirmen, der Blick bleibt aber nach oben auf den anderen Hund gerichtet (siehe auch Seite 70). Hier geht es um Ressourcenverteidigung. Der direkte Blickkontakt macht deutlich, dass keine weitere Annäherung gewünscht ist.

Weiß im Hundeauge kann auch in entspannten Situationen sichtbar werden, etwa wenn dein Hund gemütlich auf der Couch döst und du dich im Raum bewegst. Ist dein Hund nun zum einen neugierig, was du tust, andererseits aber zu bequem, um den Kopf zu heben, wird er dir mit den Augen „hinterherschielen". Das kostet weniger Energie, als den ganzen Kopf zu bewegen.

Weiß im Auge kann zudem ein Zeichen für Schmerz sein, beispielsweise dann, wenn dein Hund Bauchweh hat und deshalb eine Schonhaltung einnimmt. Er steht vor dir und schaut dich von unten an, sodass du Weiß im Auge siehst, weil er den Kopf vor Schmerzen nicht hoch genug heben kann. Möglich ist natürlich auch, dass er nur Kraft sparen möchte und deshalb den Kopf nicht hebt.

Eye-White-Response: Eine weitere Form von Weiß in den Augen siehst du, wenn dein Hund seine Augen weit aufgerissen hat – dann ist das Auge ringsherum weiß. Man spricht von der Eye-White-Response. Dies geschieht zum einen in starken Angstmomenten, zum Beispiel bei einer Schreckreaktion. Es handelt sich um einen Reflex, der vom sympathischen Nervensystem gesteuert

Wenn Kopf und Blick nicht in die gleiche Richtung ausgerichtet sind, wird mehr oder weniger Weiß im Auge sichtbar.

wird – er ist für den Hund also nicht willentlich steuerbar. Mittlerweile hat man festgestellt, dass es durchaus auch angenehme Situationen gibt, in denen Hunde die Augen so weit aufreißen. Eine davon ist, wenn plötzlich etwas aus ihrer Sicht Megatolles auftaucht, etwa die absolute Lieblingswurst, mit der sie gerade überhaupt nicht gerechnet haben. Du siehst das Aufreißen der Augen dann nur kurz, in dem Moment, in dem dein Hund die Überraschung wahrnimmt.

Bei extremer Angst sind die Augen hingegen manchmal auch die ganze Zeit weit aufgerissen. Wenn dein Hund beim Tierarzt große Angst hat, kennst du das vielleicht.

Wenn dir beim genauen Beobachten deines Hundes von nun an häufiger Weiß im Auge auffällt, mach dich bitte nicht verrückt. Denk daran, dass es, wie schon beschrieben, nicht immer Stress oder Angst bedeuten muss, sondern auch pure Bequemlichkeit oder große Freude sein kann. Zudem gibt es manche Hunderassen, bei denen man viel schneller Weiß im Auge sieht als bei anderen. Auch bei Hunden, die ausgelassen und entspannt spielen, sieht man Weiß im Auge. Das gehört typischerweise zum sogenannten Spielgesicht. Es hängt mit der entspannten Gesichtsmuskulatur und den übertriebenen Bewegungen beim Spielen zusammen.

Achtung!

Nicht alles, was du beim Verhalten/bei der Körpersprache von Hunden beobachtest, hat in jeder Situation eine Bedeutung. Manchmal sind Details schlicht der Physik, also der Bewegung geschuldet.

Gut zu wissen: Markierverhalten

Ich kenne kaum ein Thema, bei dem es so viele unsinnige Interpretationen gibt wie beim Markierverhalten! Was wird Hunden da alles unterstellt ... Du hast sicher selbst schon so einige „Hundewiesen-Weisheiten" gehört, die nicht selten etwas damit zu tun haben, dass die Leute glauben, ihr Hund macht beim Markieren „einen auf dicke Hose". Ich möchte dir hier einen Überblick darüber geben, was man über dieses Verhalten tatsächlich weiß – erstaunlich wenig, was sich belegen lässt, wie ich bei meinen Recherchen feststellen musste.

Beim Spaziergang beobachtest du deinen Hund, egal, ob Rüde oder Hündin, sicher regelmäßig beim Markieren. Oftmals hat er die Stelle zuvor mehr oder weniger ausgiebig beschnüffelt. Wahrscheinlich ist dir auch schon aufgefallen, dass er höher gelegene Stellen bevorzugt, also höher stehende Grasbüschel, Baumstämme, Mauern, Laternenpfähle, Zäune, den Blumentopf des Nachbarn – die Liste ließe sich beliebig fortsetzen. Senkrecht stehende Dinge (bei manchem Junghund sind das leider auch unsere Beine) animieren zum Hinpinkeln. Warum das so ist, weiß man nicht genau. Es wird vermutet, dass ihr Urin so besser wahrgenommen wird. Ich kenne kleine Hunde, die die unmöglichsten Körperhaltungen einnehmen, um möglichst hoch zu markieren. Vielleicht wollen sie dadurch größer wirken oder die Markierungen der größeren Hunde erreichen. Sicher sagen lässt sich das nicht.

Übrigens wird nicht nur mit Urin markiert. Auch Kot wird genutzt, und es gibt Hunde, die ihren Kot ebenfalls gern erhöht auf Baumstämmen oder Steinen absetzen oder auch an strategisch wichtigen Stellen wie Weggabelungen/-kreuzungen. Auf das Markieren folgt häufig ein mehr oder weniger ausgiebiges Scharren. Wieder weiß man nicht genau, wozu es dient. Eventuell soll die Stelle optisch hervorgehoben werden. Oder es geht darum, weitere Duftmarken über die Pfoten (Schweißdrüsen) abzugeben.

Das Markieren beginnt mit der Geschlechtsreife, bei Hündinnen also mit der ersten Läufigkeit. Bei Rüden erkennst du es daran, dass sie beginnen, ihr Bein zu heben. Manche Hündinnen tun das auch. Man sagt, kleine Rassen werden früher geschlechtsreif als große Rassen und Rüden früher als Hündinnen. Aber letztendlich ist das sehr individuell. Mein Knicka hat im Alter von 4,5 Monaten zum ersten Mal sein Beinchen gehoben.

Das Markieren dient unter anderem tatsächlich dazu, einen geeigneten Geschlechtspartner zu finden, um die eigenen Gene weiterzugeben. Im Urin enthalten sind Botenstoffe (Pheromone), die den passenden Partner anlocken sollen. Hinterlässt eine läufige Hündin eine Markierung, kannst du häufig beobachten, wie Rüden diese Stelle intensiv beschnüffeln und belecken. Oft hörst du auch klappernde Geräusche, wobei der Hund sein Maul leicht geöffnet auf und zu bewegt, manchmal schaut die Zunge ein Stück heraus. Was viele Menschen eklig finden, hat einen Sinn: Der Hund nutzt das sogenannte Jacobson-Organ, das ihn Gerüche quasi schmecken lässt. Es ist normales hündisches Verhalten, das du nicht unterdrücken solltest.

Das Markieren dient außerdem als Kommunikationsmittel unter Artgenossen. Hunde können über ihren Geruchssinn für uns Menschen unvorstellbar viele Informationen aus Markierungen erhalten, etwa Alter

Kleine Hunde unternehmen oft große Anstrengungen, um möglichst hoch zu markieren.

Entspanntes Markierverhalten: Kopf und Rutenansatz befinden sich unterhalb der Rückenlinie.

und Gesundheitszustand des Hundes, von dem die Markierung stammt, ob es ein Rüde war oder eine Hündin und ob diese gerade läufig ist. Außerdem können sie riechen, wie alt die Markierung ist, was ihnen sagt, ob sich der andere Hund noch in der Nähe befindet.

Spannend zu beobachten ist, dass das Markieren mit Urin bei unsicheren Hunden eine beruhigende Wirkung zu haben scheint. Du kannst beispielsweise beobachten, dass solche Hunde ihre Liegestätte markieren oder ihre eigenen Markierungen besonders intensiv beriechen. Als mein Knicka noch sehr viel unsicherer war als heute, stellte ich fest, dass er immer dann, wenn ich auf einer größeren Wiesenfläche eine gemeinsame Aktivität starten wollte, zunächst außen herumging und strategische Punkte markierte. Eine mögliche Interpretation wäre, dass er sein vorübergehendes Territorium markierte, um anderen zu zeigen, dass er jetzt hier ist und es besetzt. Mit der Zeit fiel mir aber auf, dass er bei Hundebegegnungen Markierungen nutzte, um fremde Hunde länger auf Abstand zu halten. Sie gingen erst mal zu den Markierungen statt direkt zu ihm. Inzwischen bin ich überzeugt, dass die Markierungen an Orten, an denen wir gemeinsam aktiv sind, den gleichen Zweck erfüllen. Er richtet eine Art Sicherheitszone ein, denn wer von außen kommt, wird zunächst die Markierungen beriechen. Das braucht Knicka, um sich auf die Interaktion mit mir einzulassen. Was bringt mich zu dieser Interpretation? Je sicherer und entspannter Knicka insgesamt wurde, desto mehr haben die Markierungen abgenommen. Würde es ihm darum gehen, ein Territorium zu besetzen, hätten die Markierungen mit zunehmendem Selbstbewusstsein eher mehr werden müssen. Dieses Beispiel zeigt für mich sehr schön, dass es sich lohnt, genauer hinzuschauen. Als ich noch glaubte, dass Knicka so „den halben Park für sich beansprucht", fand ich das ziemlich blöd. Der Gedanke, dass ihm das Sicherheit gab und er sich sonst gar nicht getraut hätte, sich auf mich zu konzentrieren, fühlt sich viel besser an.

Selbstverständlich kann das Markieren dem Abstecken des eigenen Territoriums dienen. Auch das ist normales Verhalten. Ebenso wie wir Menschen wollen Hunde sich in ihrem Zuhause sicher fühlen und zeigen möglichen Eindringlingen, wo die Grenzen sind. Wir Menschen nutzen Haustüren und Zäune, um Eindringlinge von unserem privaten Bereich fernzuhalten.

In Begrüßungssituationen unter Hunden ist Markierverhalten ebenfalls häufig. Dabei ist es nicht entscheidend, ob die Hunde sich kennen oder fremd sind. Meistens setzt einer der Hunde eine Markierung ab und entfernt sich davon. Nun geht der andere hin, schnüffelt und markiert gegebenenfalls dazu. Das Ganze kann sich mehrfach wiederholen. So werden Informationen ausgetauscht und bei einander fremden Hunden dient es dem ersten Kennenlernen. Eventuell wird der andere sofort als uninteressant eingestuft und beide gehen ihrer Wege, oder es besteht Interesse am Direktkontakt.

Hunde markieren auch dann, wenn sie gemeinsam unterwegs sind. Mittlerweile ist man sich sicher, dass es sich in diesen Fällen um ein Zeichen für Zusammengehörigkeit handelt.

Manche Hunde markieren in Innenräumen, im eigenen Haus und in fremden Häusern. Das kann ganz schön peinlich sein. Eine häufige Ursache ist Stress. Deshalb passieren solche Missgeschicke oft bei jungen Hunden, für die noch alles aufregend ist. Bei uns Menschen führt Stress ebenfalls zu Harndrang. Ein Grund für das Markieren kann aber auch sein, dass der Hund sich unsicher fühlt oder schlicht seinen Duft hinterlassen möchte. Bei jungen Hunden löst sich das Problem meistens von allein, wenn du eine Weile darauf achtest, dass dein Hund in solchen Situationen nicht markieren kann. Meinen Knicka habe ich in seiner Sturm-und-Drang-Zeit an die Leine genommen und ihn mehr beobachtet. So konnte ich verhindern, dass er an Stellen gelangte, die zum Markieren einluden. Außerdem gelang es mir, frühzeitig zu erkennen, wann er sein Bein heben wollte, sodass ich rechtzeitig reagieren konnte, indem ich ihn beispielsweise durch freundliches Ansprechen umgelenkt habe.

War dein Hund hingegen bislang stubenrein und fängt dann plötzlich an zu urinieren/zu markieren, solltest du abklären lassen, ob ein gesundheitliches Problem dahintersteckt. Ein weiterer Auslöser könnte eine ungewöhnliche Stresssituation sein, etwa stark veränderte Tagesabläufe oder ein Umzug. Mit Dominanz hat das Markieren im Haus jedenfalls nichts zu tun, auch dann nicht, wenn dein Hund auf dein Bett uriniert. Er will dir damit weder zeigen, dass er der Chef ist, noch will er dich ärgern. Er will sich nur sicher fühlen.

Zum Abschluss möchte ich dich bitten: Bestrafe deinen Hund nicht, wenn er in Situationen oder an Orten, die du für ungünstig hältst, Urin absetzt. Aus Sicht deines Hundes ist das normales Verhalten und er könnte nicht verstehen, warum du ihn bestrafst. Du wärst für ihn dadurch unberechenbar. Das bedeutet nicht, dass du deinen Hund an Nachbars Blumentopf pinkeln lassen musst. Hilfreich ist zum Beispiel, wenn du ein „Weiter"-Signal aufbaust. So kannst du deinem Hund schnell sagen, dass er weitergehen soll. Wenn er darauf gut reagiert, verzichtet er automatisch auf die Markierung an der ungeeigneten Stelle.

Frontale Ausrichtung der Körperachsen und direkter Kontakt. Hier ist die Anspannung sichtbar groß.

Wie steht der denn da? – Ausrichtung der Körperachsen

Etwas, was du im Alltag bei deinem und auch bei entgegenkommenden Hunden gut beobachten kannst, ist die Ausrichtung der Körperachsen. Wie Hunde sich zu einem Artgenossen, zu einem Menschen oder zu einem Gegenstand ausrichten, gibt dir eine Menge Infos. Besonders hilfreich sind diese Beobachtungen bei Hundebegegnungen, weil die Rückschlüsse daraus dir helfen einzuschätzen, wie eine Situation weitergehen wird. Deswegen nutzen wir Hundebegegnungen im Folgenden als Beispiel. Damit du alles leicht nachvollziehen kannst, habe ich die Zeichnungen auf der folgenden Seite nummeriert. So hast du jedes Mal gleich das passende Bild vor Augen. Auf Zeichnung 1 siehst du einen Hund, der sich einem anderen frontal annähert. Das ist die konfliktreichste Art der Annäherung, die es gibt. Sie wirkt auf das Gegenüber schnell bedrohlich, zumal es dabei meistens zu direktem Blickkontakt kommt – und was der bedeutet, weißt du ja bereits. Bei einer derart frontalen Annäherung – egal, ob angeleint oder frei laufend – kannst du ziemlich sicher sein, dass die Hunde sehr angespannt sind. Die Gefahr, dass einer der beiden die Nerven verliert und entsprechend überreagiert, ist groß. Es passiert häufig dann, wenn einer der Hunde die Individualdistanz des anderen unterschreitet.

Oftmals liegt es an uns Menschen, dass Hunde sich derart frontal begegnen, weil wir

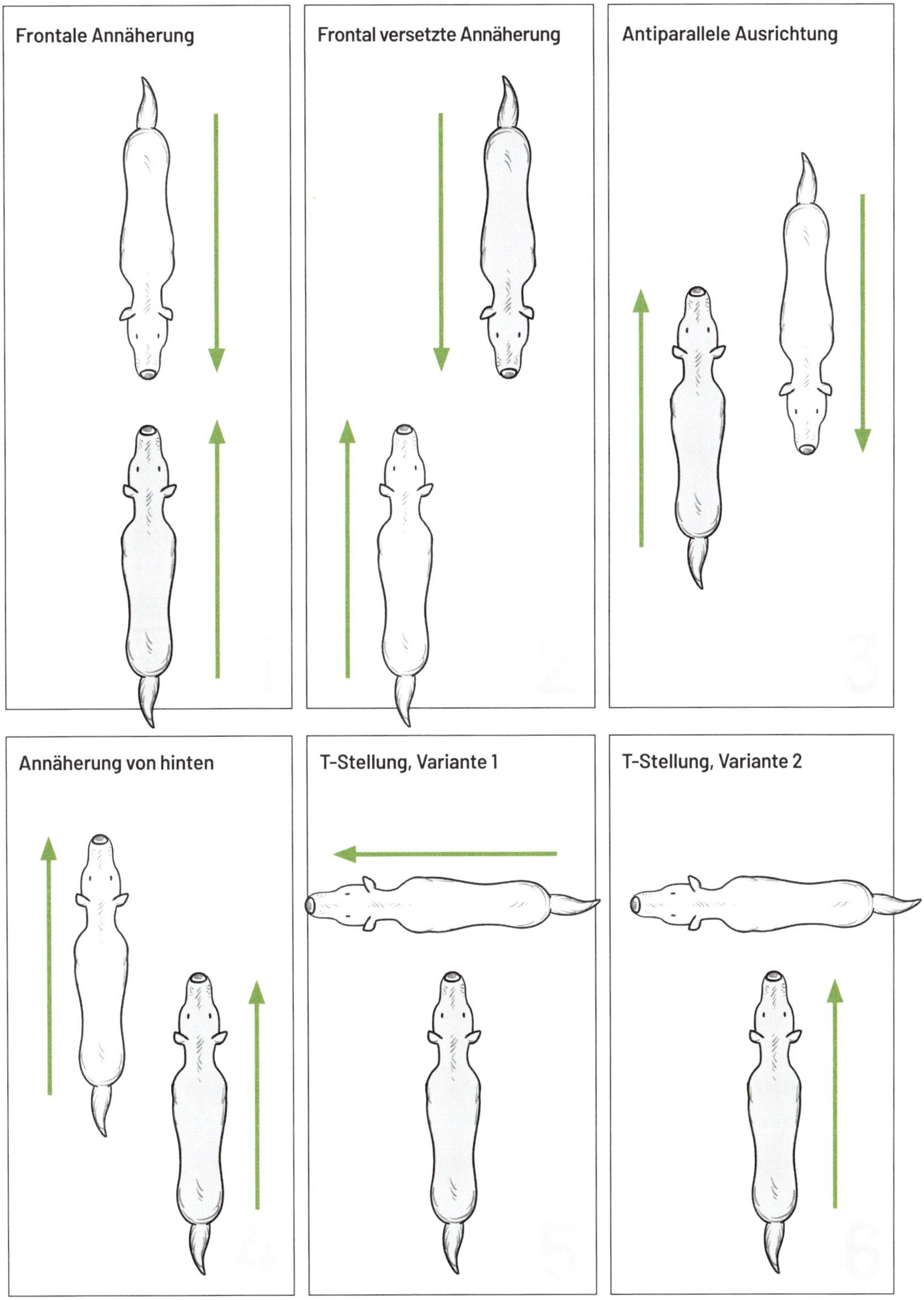
Frontale Annäherung
Frontal versetzte Annäherung
Antiparallele Ausrichtung
Annäherung von hinten
T-Stellung, Variante 1
T-Stellung, Variante 2

sie an der Leine aufeinander zuführen. Die wenigsten Hunde würden das von sich aus tun. Vielleicht denkst du jetzt: „Na ja, meiner schon!" Der Grund dafür ist wahrscheinlich, dass dir ganz zu Anfang eures Zusammenlebens in solchen Begegnungssituationen nicht aufgefallen ist, dass dein Hund lieber ausgewichen wäre, um nicht frontal, sondern in einem Bogen auf den anderen zuzulaufen. In dem Fall lernen unsere Hunde leider schnell, dass sie auf diese Weise durch die Begegnungssituation hindurchmüssen. Nicht selten kommt es in der Folge zu Auffälligkeiten wie Gebell an der Leine.

Etwas besser ist es, wenn Hunde frontal versetzt aufeinander zulaufen, wie du es auf Zeichnung 2 sehen kannst. Zwar ist auch das für viele Hunde recht schwierig, aber sie haben hier eher die Möglichkeit, den Blick abzuwenden oder ein bisschen am Wegrand zu schnüffeln und damit die Annäherungsgeschwindigkeit zu reduzieren. Wenn bei so einer Annäherung Blick und Kopf häufig abgewendet werden, wirkt das in der Situation normalerweise deeskalierend und kommt beim Gegenüber als freundliche Geste an. Antwortet der andere Hund dann mit den gleichen körpersprachlichen Details, besteht eine gute Chance, dass die Hunde entspannt aneinander vorbeikommen oder sich sogar näher kennenlernen wollen. Im letzteren Fall folgt auf die frontal versetzte Annäherung häufig die antiparallele Ausrichtung (Zeichnung 3) beim direkten Kontakt: Die Hunde beschnüffeln sich gegenseitig im Anal-/Genitalbereich. Dadurch, dass die Hunde dabei weiterlaufen, entsteht ein Kreiseln. Das hast du bestimmt schon oft beobachtet. Es kann sein, dass die Hunde sich zigmal im Kreis drehen, bis sie sich wieder voneinander lösen. Nicht selten wird dann auch eine Markierung gesetzt, um dem anderen weitere Informationen zu geben. Die konfliktärmste Form der Annäherung ist die von hinten (Zeichnung 4). Sie wird parallele Annäherung genannt. Dabei kommt ein Hund von hinten in das Sichtfeld des anderen Hundes. Selbstverständlich ist es dabei wichtig, dass beide Hunde entspannt sind. Der vordere Hund sollte auch nicht zu sehr in seine Umwelt vertieft sein. Nur so ist gewährleistet, dass er den sich annähernden Hund wahrnimmt und nicht erschrickt, wenn dieser plötzlich auftaucht. Beachte auch die restliche Körpersprache. Werden Kopf und Rute auf Rückenhöhe abgesenkt und der Gang wird langsamer und schleichend, handelt es sich eher um ein Anpirschen von hinten, also wahrscheinlich um Jagdverhalten. Das solltest du freundlich unterbrechen. Außerdem ist es wichtig, dass keiner der beiden Hunde die Individualdistanz des anderen unterschreitet. Dies würde zu Anspannung führen. Diese parallele Ausrichtung lässt sich auch gut bei der Zusammenführung nutzen. Dafür startest du gemeinsam mit einem anderen Mensch-Hund-Team und ihr lauft anfangs in einem größeren Abstand hintereinanderher. So kann der hintere Hund schon mal Informationen über den vorn laufenden sammeln. Nach einer Weile überholt das hintere Team das vordere in ausreichendem Abstand, damit auch der andere Hund Input zu seinem Artgenossen erhält. Das Überholen funktioniert am besten, wenn sich die Menschen dabei als „Puffer" zwischen den Hunden befinden. Bei Hunden, die keine besonderen Schwierigkeiten mit Artgenossen haben, kann man auf diese Weise schon bald die Distanz abbauen und nach einiger Zeit ist ein entspannter Direktkontakt möglich.

Eine weitere Ausrichtungsform ist die sogenannte T-Stellung. Es gibt zwei Varianten. Bei der ersten (Zeichnung 5) bewegt sich ein Hund in den Laufweg des anderen Hun-

Bei Direktkontakt in der antiparallelen Ausrichtung beschnüffeln sich die Hunde. Würden sie sich jetzt vorwärtsbewegen, entstünde das typische Kreiseln.

des und bleibt quer vor diesem stehen. Dadurch blockiert er ihn und verhindert, dass er weitergehen kann. Bei der zweiten Variante (Zeichnung 6) nähert sich ein Hund von der Seite her dem anderen an und bleibt dann meist rechtwinklig zu diesem stehen. Häufig sieht man auch ein Kopfauflegen im Nacken-/Rückenbereich des anderen Hundes oder sogar ein seitliches Aufreiten. Letzteres hat in dieser Situation keinen sexuellen Hintergrund. Beide Varianten der T-Stellung sollen die Bewegung des anderen Hundes einschränken. Deswegen bergen sie Konfliktpotenzial. Für die Bewegungseinschränkung gibt es mehrere Gründe: Zum einen ist es möglich, dass der auf diese Weise eingeschränkte Hund im Vorfeld die feineren körpersprachlichen Details übersehen oder ignoriert hat. Daraufhin wird der andere in seiner Kommunikation deutlicher. Das kann auch während eines Spiels passieren. Die T-Stellung wird aber ebenfalls gezeigt, wenn sich zwei Rüden in einer Konkurrenzsituation befinden. Gerade bei unkastrierten Rüden, die sich nicht kennen, sind Imponierverhalten und damit einhergehend oft die Einschränkung des anderen Hundes natürliches Verhalten. Sie „buhlen" um die für sie wichtigste Ressource überhaupt – die Hundemädels. Allerdings erlebt man es auch bei kastrierten Rüden nicht selten – mein spät kastrierter Rüde ist ein gutes Beispiel dafür – und auch Hündinnen zeigen die T-Stellung untereinander. Wichtig ist, dass du dieses Verhalten nicht als „böse" oder „unsozial" einstufst. Es sollte dir sagen, dass die Situation gerade sehr angespannt ist und dass du sie möglichst schnell entspannt auflösen solltest.

Wie immer gilt auch für Rückschlüsse aus der Ausrichtung der Körperachsen, dass du sie lediglich als Anhaltspunkt nehmen kannst und die restliche Körpersprache mit einbe-

Hier sieht man ein angedeutetes Kopfauflegen. Um den Anderen in der Bewegung einzuschränken, braucht es nicht zwingend Körperkontakt.

ziehen musst. Betrachte unbedingt die Gesamtsituation und berücksichtige auch die Lernerfahrungen, die dein Hund gemacht hat, seine Tagesstimmung, ob er gesundheitlich eingeschränkt ist und was dir sonst noch wichtig erscheint. Wenn du das alles mit einbeziehst, dann kannst du die Situation am besten einschätzen.

Abschließend möchte ich noch auf die Ausrichtung der Körperachsen beim Aufeinandertreffen von Mensch und Hund zurückkommen. Hierzu sollte dir klar sein, dass sich unsere Hunde an uns anpassen und lernen, dass die genaue Ausrichtung für uns keine Rolle spielt. Daher ist es nicht grundsätzlich als unfreundlich oder bedrohlich zu bewerten, wenn dein Hund frontal auf dich zuläuft. Die meisten Hunde haben das so gelernt, wodurch die frontale Ausrichtung in diesem Kontext ihre ursprüngliche Bedeutung verliert. Falls dein Hund jedoch beim Rückruf nicht direkt und frontal auf dich zugelaufen kommt, sondern sich in einem kleinen Bogen annähert, verstehst du jetzt, warum er das tut. Er möchte die Situation entspannen und dir deeskalierende Signale senden. Falls ein fremder Hund frontal auf dich zukommt, solltest du allerdings vorsichtig sein, insbesondere dann, wenn er dir dabei direkt in die Augen schaut. Er sagt dir damit, dass du nicht näher kommen sollst. Oftmals kannst du eine solche Situation entschärfen, wenn du selbst deeskalierendes Verhalten zeigst, dich also etwas zur Seite drehst und den Blick nicht erwiderst, sondern wegschaust.

Bei der Annäherung an Gegenstände oder andere Lebewesen sieht es ebenfalls ein bisschen anders aus. Dass es nicht freundlich gemeint ist, wenn dein Hund sich von hinten einem Hasen annähert, ist dir sicher klar. Durch genaues Beobachten wirst du bald schon mehr über die individuelle Bedeutung der Körperausrichtung deines Hundes in verschiedensten Situationen wissen.

Vor oder zurück? – Die Bedeutung des Körperschwerpunkts

Schauen wir uns nun den Körperschwerpunkt genauer an. Damit ist die Verlagerung des Körpergewichts nach vorn, hinten, unten oder zur Seite gemeint. Diagonale Bewegungen kommen ebenfalls vor. Wohin das Körpergewicht verlagert wird, zeigt dir in vielen Fällen recht gut, ob dein Hund lieber näher an einen anderen Menschen, einen Artgenossen oder ein Objekt herangehen oder ob er lieber weiter weg möchte.

Auf der Zeichnung siehst du zur Verdeutlichung zweimal Lexi, beide Male in Vorderkörpertiefstellung, aber mit ganz unterschiedlichen Tendenzen. Der Körperschwerpunkt des rechten Lexi ist nach vorn verlagert, der des linken nach hinten. Würde es sich um zwei echte Hunde im Alltag handeln, würde der linke Lexi sehr wahrscheinlich nach hinten oder seitlich wegspringen, der rechte Lexi würde nach vorn springen.

Bei Hundebegegnungen kannst du das Verlagern des Körpergewichts sowohl auf Distanz als auch im Direktkontakt beobachten. Die Verlagerung kann schnell und plötzlich erfolgen, zum Beispiel bei einem schnellen Ausweichen, sie kann aber auch minimal sein. Stell dir dazu Folgendes vor: Ein fremder Hund kommt Lexi entgegen. Lexi bleibt zunächst wie angewurzelt stehen, dann geht sein Körperschwerpunkt minimal nach vorn – und zack, im nächsten Moment springt Lexi bellend auf den anderen Hund zu. Solche minimalen Bewegungen – auch Intentionsbewegungen genannt – können dir wichtige Hinweise darauf liefern, was dein Hund oder auch ein fremder Hund als Nächstes tun wird.

Auf dem Foto siehst du einen weiß-beigen Hund, der mit einem anderen Hund im Direktkontakt ist. Erkennst du, wie er sich

Ähnliche Körperhaltung, aber einmal mit Rückwärts- und einmal mit Vorwärtstendenz.

Der linke Hund schaut den rechten direkt an. Dieser lehnt sich daraufhin weg und schaut zur Seite

Hier ist der nach hinten verlagerte Körperschwerpunkt dem Spiel geschuldet.

nach rechts weglehnt und auch seinen Kopf schon abgewendet hat? Diese vom anderen Hund weggerichtete Bewegung zeigt, dass der weiß-beige Hund gern etwas mehr Abstand hätte. Verändert der andere Hund seine Körpersprache jetzt nicht oder kommt er womöglich noch näher und an den weiß-beigen Hund heran, wird dieser vermutlich weggehen, sofern es die Situation zulässt. Wenn man so ein Weglehnen – es handelt sich um Meideverhalten – in einer Hundebegegnung häufig und anhaltend sieht, ist es sinnvoll, den anderen Hund freundlich abzurufen. Damit hilft man den beiden Hunden, die Situation zu entspannen.

Achtung: Nicht jede Verlagerung des Körperschwerpunkts ist Kommunikation. Oftmals resultiert sie schlicht aus einer Bewegung oder Handlung. Ein Beispiel dafür zeigt das Bild, auf dem Mensch und Hund zergeln. Der Körperschwerpunkt des Hundes geht dabei nach hinten, was hier nichts mit Kommunikation zu tun hat, sondern mit der Art des Spiels. Um zu zergeln, muss man am Zergel ziehen. Das klappt am besten, wenn man seine Vorderbeine in die Erde stemmt und den Körper nach hinten bewegt.

Das zeigt einmal mehr, dass du die Gesamtsituation betrachten musst, um die richtigen Schlüsse zu ziehen. Festhalten können wir an dieser Stelle, dass ausweichende Bewegungen – also vom Auslöser weg – in der Regel den Wunsch nach mehr Abstand ausdrücken und ein Hinlehnen eher Interesse an einer Annäherung bedeutet. Wie du weiter vorn im Abschnitt über das sichere Drohen schon erfahren hast, kann diese Annäherung aber auch zum Ziel haben, das Gegenüber zu vertreiben – letztendlich geht es dann doch um das Herstellen eines größeren Abstands. Entsprechende weitere körpersprachliche Details helfen dir, das Verhalten richtig einzuordnen.

Die Ohren sind nicht allein zum Hören da

Die Ohren deines Hundes geben dir zahlreiche Informationen, egal, ob es sich um Steh- oder Schlappohren handelt. Um die Veränderungen an Schlappohren zu erkennen, solltest du dir die Ohrenbasis anschauen, also den Bereich, wo die Ohren am Kopf angewachsen sind. Dort kannst du erkennen, genauso wie bei Stehohren, ob die Ohren nach vorn oder hinten gerichtet sind oder nach oben oder unten gezogen werden.

Selbstverständlich werden die Ohren von unseren Hunden auch genutzt, um akustische Reize wahrzunehmen. Anders als wir Menschen können Hunde ihre beiden Ohren unabhängig voneinander nach einem Geräusch ausrichten.

Solche Orientierungsbewegungen zum Geräusch hin sagen nichts über die aktuelle Stimmung des Hundes aus und haben auch keine Bedeutung für die Kommunikation. Das Gleiche gilt, wenn die Ohren durch Körperbewegungen des Hundes passiv mitbewegt werden und wippen oder im schnellen Lauf auch „fliegen".

Fliegen die Ohren beim Laufen, folgen sie der Körperbewegung und dienen nicht der Kommunikation.

Neben den nach vorn gerichteten Ohren zeigt hier auch der direkte Blickkontakt, dass der andere Hund auf Abstand bleiben soll.

Darüber hinaus sind die Ohren aber ein ausgezeichneter Indikator dafür, wie es einem Hund geht. Beobachte dazu Veränderungen der Ohren, ausgehend von der Normalhaltung, und bedenke, dass die „Norm" rassetypisch und auch individuell unterschiedlich sein kann. Besonders gut wird dir das Lesen der Ohren bei deinem eigenen Hund gelingen, weil du die Normalhaltung seiner Ohren genau kennst und deshalb bereits kleine Abweichungen wahrnehmen kannst. Beobachte eine Zeit lang intensiv die Ohren deines Hundes, und du wirst schon bald bestimmte Bewegungen und Tendenzen erkennen, die dir etwas über seine Stimmung verraten und dir helfen vorherzusagen, was er wahrscheinlich als Nächstes tun wird. Denk wieder an die Richtungspfeile vom Anfang: Gehen die Ohren nach vorn, kann es gut sein, dass der Hund im nächsten Moment auch nach vorn gehen wird. Die Intention dahinter ist meistens eine Distanzverringerung zum Auslöser, sei es, um diesen zu betrachten, oder um diesen zu vertreiben. Bewegen sich die Ohren nach hinten, wird der Hund das wahrscheinlich auch gleich tun. Hier geht es in der Regel um eine Distanzvergrößerung.

Im Folgenden habe ich eine kleine Übersicht darüber zusammengestellt, was dir die verschiedenen Ohrenstellungen verraten können:

Nach vorn/oben gerichtete Ohren

Bei der Interaktion mit Artgenossen möchten Hunde oft Selbstsicherheit demonstrieren. Sie können mit der Ohrenstellung imponieren oder sogar drohen. Ob der Hund tatsächlich selbstsicher ist, drückt die Ohrenstellung aber nicht aus. Manchmal soll sie nur erreichen, dass der andere Hund gar nicht erst näher kommt oder bei der Annä-

herung gestoppt wird. Ernsthaftes Drohen wird durch weitere körpersprachliche Details deutlich (angehobene Rute, direkter Blickkontakt, frontale Ausrichtung der Körperachse…). Die Ohren eines neugierigen Hundes sind ebenfalls nach vorn/oben gerichtet, und auch beim Auflauern von Beute ist diese Ohrenstellung zu erkennen. Vielleicht mäuselt dein Hund und steht so sprungbereit vor einem Mauseloch. Oder er lauert mit dieser Ohrenhaltung in der Vorderkörpertiefstellung mit parallel ausgerichteten Beinen, die später noch genauer beschrieben wird.

Mittig am Kopf gehaltene oder leicht nach vorn gerichtete Ohren auf neutraler Höhe

Das ist die entspannte, neutrale Ohrenhaltung, die bei jedem Hund individuell unterschiedlich ist. Diese Stellung ist die Ausgangsbasis für alle anderen Stellungen.

Nach hinten/oben gerichtete Ohren

Diese Ohrenstellung deutet bei Hunden auf Stress hin. Gestresste Hunde machen bei dieser Ohrenhaltung oft auch ruckartige Bewegungen mit den Ohren beziehungsweise mit dem Kopf.

Nach hinten/unten gerichtete Ohren

Diese Ohrenstellung siehst du zum Beispiel bei einer freundlichen Annäherung an einen Artgenossen und auch bei der Begrüßung eines Menschen. Begleitet wird sie von weiteren Details wie dem Laufen eines Bogens und kurzen Blickkontakten.

Vollständig angelegte Ohren sind als Signal für Unterwürfigkeit zu deuten. Mehr dazu erfährst du im Abschnitt zur aktiven Demut. Ängstliche oder verunsicherte Hunde richten ihre Ohren ebenfalls nach hinten/unten. Dazu kommen oft ein fest geschlossener Fang und ein abgesenkter Kopf.

Nach hinten gerichtete Ohren in neutraler Höhe

Diese Ohrenstellung wird häufig bei einer Spielaufforderung gegenüber einem anderen Hund oder einem Menschen gezeigt. Dazu kommt meist die später noch genauer beschriebene Vorderkörpertiefstellung mit gespreizten Beinen und nach hinten gezogenen Maulwinkeln. Der Blick/Kopf wird zwischendurch immer wieder vom Gegenüber abgewendet.

Kommt es in einer Interaktion mit einem Artgenossen dazu, dass dieser sich wehrt oder angreifen will, dient diese Ohrenstellung zur Deeskalation oder auch zum Schutz der Ohren. Generell werden die Ohren zum Schutz vor Verletzungen zurückgenommen. Du siehst diese Haltung daher auch, wenn dein Hund durch ein Gestrüpp sprintet.

Hättest du gedacht, dass man an den Ohren unserer Hunde so viel ablesen kann? Vergiss beim Beobachten der Ohren deines Hundes aber bitte nie, dass du immer auch die restlichen körpersprachlichen Details im Blick behalten musst, sonst machst du dir vielleicht unnötig Sorgen. Ich erinnere mich noch genau an die Zeit, als ich mit meinen Beobachtungen anfing und mich eine Weile nur auf die Ohren von meinem Hund Knicka konzentriert habe. Zunächst dachte ich, dass er vollkommen verunsichert durchs Leben geht.

Erst später wurde mir klar, dass ich damit falsch lag. Nach hinten gerichtete Ohren bedeuten oft nicht mehr, als dass der Hund aus dieser Richtung Geräusche wahrnimmt. So war es in vielen Situationen auch bei meinem Knicka.

Die nach hinten/oben gezogenen Ohren des rechten Hundes deuten auf erhöhte Anspannung hin.

Im Spiel werden die Ohren häufig zum Schutz vor Verletzungen zurückgelegt.

Beim rechten Hund befindet sich der Rutenansatz vorn/oben, beim linken Hund auf Rückenhöhe.

Die Rute kann mehr als wedeln

An der Rute deines Hundes kannst du ähnlich viel ablesen wie an seinen Ohren. Sehr wahrscheinlich ist dir schon aufgefallen, dass es viele verschiedene Rutenformen gibt. Das liegt daran, dass die Anzahl und Form der Rutenwirbel bei Hunden variiert. Eine ziemlich bekannte Rutenform ist die Ringelrute: Sie wird eingekringelt oberhalb der Rückenlinie getragen, teilweise liegt sie sogar komplett auf dem Rücken auf. Eine solche Rutenhaltung ist anatomisch bedingt und wird vom Hund nicht bewusst gesteuert. Auch der Rutenansatz, also der Übergang vom letzten Rückenwirbel zu den Schwanzwirbeln, kann bei verschiedenen Rassen sehr unterschiedlich sein. Denke zum Beispiel an einen Schäferhund mit sehr tief angesetzter Rute und einen Terrier mit sehr hoch angesetzter Rute.

Egal, welche Rutenform dein Hund von Natur aus hat, für dich geht es wieder darum, durch Beobachten herauszufinden, wie seine individuelle, entspannte Rutenhaltung aussieht. Ausgehend davon kannst du wie bei den Ohren aufschlussreiche Veränderungen erkennen. Das funktioniert bei allen Rutenformen, auch bei Ringelruten, Stummelruten oder Ruten mit sehr viel Fell. Konzentriere dich dann einfach auf den Rutenansatz. Dort lassen sich Bewegungen und Veränderungen gut erkennen.

Behalte bei deinen Beobachtungen im Hinterkopf, dass die Rute nicht ausschließ-

Die angehobene Rute ermöglicht das Beschnüffeln der Analregion.
Das Schnüffeln am Boden lädt den anderen Hund zusätzlich ein.

lich für die Kommunikation genutzt wird, sondern auch dem Ausbalancieren des Körpergewichts dient. An daraus resultierenden Rutenhaltungen kannst du nichts Verwertbares ablesen. In der folgenden Übersicht nehmen wir die verschiedenen Rutenhaltungen und deren jeweilige Bedeutung näher unter die Lupe. Denke beim Interpretieren wieder daran, auch weitere körpersprachliche Details mit einzubeziehen.

Angehobene Rute

Der Po – die sogenannte Analregion – ist unter Hunden eine wichtige Schnittstelle für soziale Kommunikation. Wird die Rute angehoben, liegt sie frei. Das kann Verschiedenes bedeuten. Generell lässt sich jedoch sagen, dass eine Tendenz zur Distanzverringerung besteht. Das gilt nicht nur, wie hier beispielhaft beschrieben, bei Begegnungen mit Artgenossen, sondern auch bei Menschen oder Gegenständen. Hebt der Hund die Rute bei Annäherung eines anderen Hundes an, kann dies als freundliche Geste gewertet werden. Der Hund gibt dem anderen quasi sein „Okay", ihn im Analbereich zu beschnüffeln und so weitere Informationen zu sammeln. Ist das Anheben der Rute allerdings mit nach vorn gerichteten körpersprachlichen Details verbunden, etwa nach vorn gerichtete Ohren oder ein in Richtung des anderen Hundes verlagerter Körperschwerpunkt, kann die erhobene Rute auch als Drohsignal gemeint sein. Die sichtbare Analregion deutet dann auf Selbstbewusstsein hin.

Abgesenkte Rute

Geht die Rute hingegen nach unten, wird die Analregion bedeckt und damit geschützt. In der Regel besteht dann eine Tendenz zur Distanzvergrößerung. Senkt der Hund beim Zusammentreffen mit anderen Hunden die Rute, gibt er keine oder zumindest deutlich weniger Infos frei. Das signalisiert in diesem Kontext Unterlegenheit und weist auf Unsicherheit hin.

Bei ängstlicher Erregung wird die Rute oft abgesenkt, bei starker Angst auch unter den Bauch gezogen. Bei großem Stress/großer Angst kannst du manchmal beobachten, dass die Rute kraftlos runterhängt, sie erinnert dann an einen Lämmerschwanz. Auch bei intensiver Konzentration senken Hunde ihre Rute. In diesem Fall hat das nichts mit Angst oder Unsicherheit zu tun und es signalisiert auch nicht den Wunsch nach mehr Abstand.

Nicht alles ist eindeutig!

Bleibt die Rute bei einer Begegnung oben, der Hund dreht sich aber immer weg, sodass der andere Hund keine Gelegenheit erhält, die Analregion zu beschnüffeln, deutet dies trotz der erhobenen Rute auf Unsicherheit hin.

Wedelnde Rute

Bekanntermaßen können Hunde mit ihrer Rute auch wedeln, und zwar sowohl in hoher als auch in abgesenkter Position. Dieses Wedeln drückt entgegen der weitverbreiteten Annahme nicht immer Freude aus, sondern ist ein Anzeichen für mehr oder weniger starke Erregung.

Wenn du dir das Wedeln genauer anschaust, dann kannst du folgende Aspekte beobachten:

- **Die Wedelgeschwindigkeit:** Wie schnell bewegt sich die Rute hin und her?
- **Die Wedelbreite in der Horizontalen:** Wie weit bewegt sich die Rute von links nach rechts?

Die angedrückte und abgesenkte Rute zeigt in Kombination mit den zurückgezogenen Ohren und dem abgewandten Kopf, dass der Hund Angst hat.

- **Die Position des Rutenansatzes in der Vertikalen:** Wird mit nach vorn/oben oder mit nach hinten/unten gehaltener Rute gewedelt?

Als Richtlinie kannst du dir merken: Je schneller ein Hund mit seiner Rute wedelt, desto aufgeregter ist er. Kommt eine hohe Anspannung hinzu, versteift sich die Rute und die Bewegungen werden langsamer. Dann beobachtest du normalerweise nur noch ein schmales Wedeln von links nach rechts – bei extremer Anspannung bleibt die Rute komplett stehen. Der Grund für die Anspannung kann ganz unterschiedlich sein. Siehst du hingegen ein sehr breites, lockeres Schwingen der Rute von links nach rechts – oft schwingen dabei auch Becken und Rücken mit –, deutet das auf ein entspanntes Wedeln hin. Wahrscheinlich bringt es Freude zum Ausdruck.

Selbstverständlich musst du auch hier wieder rassetypische Besonderheiten berücksichtigen. Viele Terrier haben grundsätzlich eine höhere Körperspannung. Ihr Wedeln wird deshalb nie so weich wirken wie das eines Golden Retrievers.

Achtung, Missverständnisse!

Rassetypische Unterschiede bei körpersprachlichen Details wie der Ohren- und Rutenhaltung erschweren nicht nur den Menschen das Lesen der Signale. Auch unter Hunden verschiedener Rassen können sie zu kleineren und größeren Verständnisproblemen führen.

Individualdistanz: der Wohlfühlabstand

Stell dir vor, du stehst im Supermarkt an der Kasse und der Mensch hinter dir rückt dir immer dichter auf die Pelle, während der vor dir ein Ausweichen unmöglich macht. Ich könnte in solchen Situationen durchdrehen, und das war auch schon lange vor Corona so. Durch die Veränderung in der Corona-Zeit wurde mir aber deutlich vor Augen geführt, wie schnell Veränderungen einer Situation die Wohlfühldistanz verändern können. Brauchte ich früher 1 Meter Abstand zum anderen Menschen hinter mir an der Kasse, fühle ich mich heute erst bei 2 Metern wohl.

Hunde haben ebenfalls einen Wohlfühlabstand – auch Individualdistanz genannt –, den sie zu anderen Hunden, zu Menschen oder zu Gegenständen einhalten wollen. Er kann je nach Situation unterschiedlich sein und hängt, wie bei uns Menschen auch, von Faktoren wie der Persönlichkeit ab und davon, ob der Hund den Artgenossen oder Menschen bereits kennt oder nicht.

Es ist sehr wichtig, dass du den Wohlfühlabstand deines Hundes genau kennst. Nur so kannst du es vermeiden, ihn in Situationen zu bringen, in denen er aufgrund der für ihn zu geringen Distanz nicht entspannt bleiben kann. Das gilt nicht nur in den Fällen, in denen du deinen angeleinten Hund auf einen anderen Hund zuführst. Auch im Freilauf gibst du für

Mein Knicka hat bei fremden Hunden oft eine sehr große Individualdistanz. Diese verkleinert sich, wenn ich in seiner Nähe bin, weil wir dann gemeinsam die Situation meistern.

Hier passt die Individualdistanz für beide Hunde.

deinen Hund wahrscheinlich die Laufrichtung an. Er orientiert sich an dir, und so kann es passieren, dass du deinen Hund unabsichtlich in eine Situation lenkst, die er von sich aus vermieden hätte.

Vor Kurzem konnte ich Folgendes beobachten: Ein Mann kam auf einem 2 Meter breiten Weg mit zwei angeleinten Hunden – einer links und einer rechts von ihm – auf ein anderes Mensch-Hund-Team zu. Der andere Hund wich ein kleines bisschen an den Wegrand aus, für mehr fehlte der Platz. Der Mann steuerte mit seinen beiden Hunden weiter auf die Entgegenkommenden zu. Einer seiner beiden Hunde, der auf der Seite des fremden Hundes, wollte stehen bleiben, aber der Mann zog ihn einfach weiter in geringem Abstand an dem anderen Team vorbei. Es blieben vielleicht noch 30 Zentimeter Platz. Das war viel zu wenig für den einen Hund des Mannes, der daraufhin bellend in die Leine sprang. Hätte er handeln können, wie er wollte, wäre er erst mal stehen geblieben und hätte dann versucht, mit größerem Abstand an dem entgegenkommenden Hund vorbeizugehen. Das zeigt: Sind Hunde gezwungen, ihre Wohlfühldistanz zu unterschreiten, verlieren sie nicht selten die Nerven und gehen zum Angriff über. Nicht, weil sie böse sind, sondern weil sie sich in der Situation nicht anders zu helfen wissen.

Wie kannst du deinen Hund bei Begegnungen unterstützen? Zunächst musst du herausfinden, welchen Abstand dein Hund braucht, damit er sich noch wohlfühlt. Du wirst beim Beobachten feststellen, dass es große Unterschiede geben kann und der Abstand nicht immer gleich ist, sondern davon abhängt, wer euch entgegenkommt. Mein Hund braucht zum Beispiel mehr Abstand bei größeren schwarzen Hunden oder bei mehreren Hunden, egal, wie groß diese sind. Für ihn macht es auch einen Unterschied, ob die Hunde frei laufen oder angeleint sind. Das beruht zum großen Teil auf Lernerfahrungen, die mein Hund in der Vergangenheit gemacht hat. Bei deinem Hund kann das deswegen ganz anders aussehen. Sobald du bei deinem Hund Veränderungen erkennst – er also nicht mehr entspannt oder aufmerksam/neugierig auf das Gegenüber zuläuft –, weißt du, dass seine Wohlfühldistanz unterschritten ist. Häufig wird dann Drohverhalten gezeigt – aber auch Aggressionsverhalten oder Fluchtverhalten sind möglich. Stress- oder Konfliktanzeichen

Hier wurde die Individualdistanz des linken Hundes unterschritten.

sind ebenfalls oft zu sehen. Am besten notierst du dir in den kommenden Wochen alles, was dir auffällt, um Richtwerte für deinen Hund zu ermitteln. Es lohnt sich, denn je öfter du deinem Hund ermöglichst, in seinem Wohlfühlbereich zu bleiben, desto entspannter wird er insgesamt werden. Interessant ist auch, dass sich die Wohlfühldistanz des betreffenden Hundes auf diese Weise nach und nach verringert. Es ist also gut möglich, dass dein Hund mit der Zeit bei Hundebegegnungen immer weniger Abstand braucht, um entspannt bleiben zu können. Selbstverständlich lässt sich nicht jede nähere Begegnung vermeiden. Aber wenn du ein bisschen aufmerksam bist, wird es dir oft gelingen, zumindest ein Stück zur Seite zu gehen oder einen kleinen Bogen zu laufen. Und wenn dein Hund noch einen großen Abstand braucht, dann lauf ein Stück auf eine Wiese oder dreh rechtzeitig um und geh in die andere Richtung. Falls du den Eindruck hast, dass dein Hund sozusagen von selbst in für ihn unangenehme Situationen läuft, statt das Angebot zum Ausweichen anzunehmen, ist es sinnvoll, das Bogenlaufen und Umdrehen zuvor in entspannten Situationen einzeln zu üben. Möglicherweise hat dein Hund gelernt, seine Wohlfühldistanz zu unterschreiten, obwohl ihm das unangenehm ist. Nun muss er umlernen und das dauert eine Weile.

Am Beispiel meines Hundes möchte ich dir ein Gefühl dafür vermitteln, von welchen Abständen wir sprechen: Anfangs brauchte Knicka etwa 30 Meter Abstand zu anderen Hunden, um entspannt bleiben zu können. Heute ist es viel weniger, aber bei für ihn gruseligen Hundetypen benötigt er immer noch 5 bis 10 Meter Distanz – oft müssen wir auch stehen bleiben, weil er es nicht schafft, weiterzulaufen. An Hunden, die er vom Typ her okay findet, können wir mittlerweile ganz normal auf einem Weg vorbeigehen. Auch dann führe ich meinen Hund aber immer auf der abgewandten Seite zum Gegenüber und beobachte dessen Körpersprache. Sollte der andere Hund drohend auf uns zukommen, braucht Knicka selbstverständlich etwas mehr Abstand. Das ist wie bei uns Menschen: Wenn sich jemand mit bedrohlich erhobenem Baseballschläger auf uns zubewegt, machen wir lieber einen großen Bogen um diese Person. Vergleichbares Drohverhalten wirst du bei entgegenkommenden Hunden gar nicht mal so selten beobachten können.

Was dein Hund dir mit Lautäußerungen sagen will

Du hast nun schon einen ersten Einblick in die sehr vielfältige und wichtige körpersprachliche Kommunikation von Hunden erhalten. Bei all dem dürfen wir jedoch die Lautäußerungen nicht vergessen. Hunde können knurren, bellen, jaulen, fiepen, quietschen und auch schreien. Grundsätzlich gilt bei all diesen Lautäußerungen: Je höher die Tonlage, desto stärker die Erregung. Welche Töne ein Hund tatsächlich von sich gibt, ist individuell verschieden. Wir wollen daher im Folgenden die beiden Lautäußerungen genauer betrachten, die von den meisten Hunden mehr oder weniger oft zu hören sind: Knurren und Bellen. Ich möchte dich darüber hinaus ermutigen, bei deinem Hund genau hinzuhören und ein Verständnis für seine individuellen Lautäußerungen zu entwickeln. Sicher findest du mit der Zeit heraus, was er dir durch bestimmte Fiep- und/ oder Quietschlaute sagen möchte.

Knurren

Wenn ein Hund knurrt, bedeutet das zunächst einmal schlichtweg „Stopp!". Ob es dem Hund darum geht, dass sich ein Hund/ Mensch/Gegenstand lediglich nicht weiter annähert oder dass er sich ganz entfernt, ist von Fall zu Fall verschieden. Geknurrt wird oft auch, um eine Ressource zu verteidigen, also einen hochwertigen Kauknochen oder etwas anderes, das dem Hund sehr wichtig ist. Im Allgemeinen gilt: Je tiefer das Knurren, desto ernster ist es gemeint. Die genaue Tonhöhe ist bei Hunden jedoch individuell verschieden und hängt unter anderem auch vom Körperbau ab. Ein tiefes, grollendes Knurren wird bei einem kleinen Hund tendenziell höher sein als bei einem großen. Dessen größerer (Resonanz-)Körper lässt das Knurren generell tiefer klingen.

Knurren kann auch Frustration ausdrücken, und darüber hinaus gibt es das sogenannte Spielknurren. Für mich ist es schon ein Indiz, dass die Erregung im Spiel gestiegen ist. Mein Hund macht das nur, wenn die

Wenn dieser Hund seinen Stock behalten möchte, kann es gut sein, dass er bei einer weiteren Annäherung warnend knurrt.

Interaktion sehr schnell ist oder wenn ein Spiel besonders lang dauert und er langsam ans Ende seiner Kräfte kommt. Ich nehme daher auch Spielknurren ein Stück weit ernst. Es sagt mir, dass ich genauer hinschauen muss, um zu sehen, ob das Spiel unterbrochen werden sollte oder der Hund auf andere Weise Unterstützung braucht. Gerade bei Hunden, die sich nicht gut kennen, kann Spielknurren auch zu Missverständnissen führen.

Wenn dein Hund knurrt, hat er in der Regel bereits im Vorfeld gezeigt, dass er die Situation gern verändern würde. Er hat dies durch subtilere körpersprachliche Details ausgedrückt, die weiter unten auf der Eskalationsleiter angesiedelt sind und die du möglicherweise nicht wahrgenommen hast. Auf Seite 121 erfährst du in einem eigenen Abschnitt zur Eskalationsleiter mehr zu diesem Thema. Manche Hunde knurren übrigens tatsächlich sofort, ohne zuvor andere Signale zu senden. Meistens liegt das daran, dass von ihnen gezeigte subtilere Signale früher zu oft übergangen wurden. Daraus haben sie gelernt, dass diese ihnen nichts nützen.

Wie auch immer es zum Knurren gekommen ist, du solltest es deinem Hund auf keinen Fall verbieten. Es ist für Hunde ein wichtiges Kommunikationsmittel und für uns Menschen letztendlich auch, weil wir es gut

hören können. Wenn man einem Hund das Knurren verbietet, ist es sehr wahrscheinlich, dass er die nächste Stufe auf der Eskalationsleiter verwendet, um auszudrücken, dass er etwas nicht möchte. Das ist in der Regel Abschnappen oder sogar richtig Zubeißen - und sicher willst du nicht, dass dein Hund sich zu so gefährlichem Verhalten gezwungen sieht. Wenn dein Hund knurrt, solltest du es also nicht als böse einstufen oder gar persönlich nehmen, sondern seine Warnung erst mal akzeptieren und einen Schritt zurückmachen. Nun gilt es herauszufinden, warum er das gerade tut, und die Situation gegebenenfalls anders zu lösen. Knurren ist, wie gesagt, nur eine Form der Kommunikation. Auch wir werden lauter, wenn man unsere höflichen Bitten überhört. Falls dein Hund häufig knurrt und du nicht weiterweißt, solltest du dir professionelle Unterstützung durch einen Trainer holen.

Abschließend noch ein Beispiel aus meiner persönlichen Erfahrung, das zeigt, wie schnell Hunde lernen, „ohne Vorwarnung" zu knurren, und wie einfach die Lösung manchmal sein kann: Wenn mein Knicka abends einen Kaustreifen haben wollte, stellte er sich vor den Wohnzimmertisch, legte seinen Kopf darauf ab und schaute mich an. Meist war ich allerdings mit meinem Laptop beschäftigt, nahm dieses Zeichen zwar wahr, beachtete Knicka aber nicht weiter. Nach kurzer Zeit richtete er sich dann deutlich auf und drehte sich frontal zu mir, sodass sich sein Kopf über Rückenhöhe befand und nicht mehr auf dem Tisch auflag - wieder traf mich ein direkter Blick. Und wieder reagierte ich nicht. Eine Weile blieb er so stehen, dann knurrte er mich an. Ich muss gestehen, dass sich das in dem Moment niedlich anhörte. Ich habe meistens gelacht, bin brav aufgestanden und habe ihm seinen Kauknochen geholt. Derselbe Ablauf wiederholte sich noch einige Abende, dann ließ Knicka das Vorgeplänkel weg und knurrte sofort. Er hatte gelernt: „Hey, das bringt alles nichts - außer dem Knurren. Also knurre ich sofort und spare Energie." Ich hatte ihm also dummerweise beigebracht, dass er durch Knurren zum Ziel kommt. Wenn einem das klar ist, kann man prima gegensteuern. Bei Knicka hat es gereicht, dass er von mir drei Abende in Folge unmittelbar seinen Kauknochen bekam, noch bevor ich mir meinen Laptop geschnappt hatte. Am vierten Abend hat er dann wieder seinen Kopf auf den Tisch gelegt, worauf ich selbstverständlich sofort reagiert habe, weil ich diese Art, um etwas zu bitten, erheblich netter finde als Knurren.

Bellen

Auch das Bellen unserer Hunde ist individuell verschieden, sowohl in der Lautstärke und Häufigkeit als auch in der Tonlage. Wieder spielt die Größe des Hundes eine Rolle, hinzu kommen individuelle Eigenschaften. Wie häufig ein Hund bellt, hängt nicht zuletzt von der Rasse ab. Es gibt mehr oder weniger bellfreudige Hunderassen. Wie beim Knurren gilt im Allgemeinen: Je tiefer das Bellen, desto ernster/aggressiver ist es gemeint. Damit warnen oder drohen Hunde, häufig begleitet von einem Knurrlaut. Hohes Bellen deutet hingegen auf hohe Erregung hin und kann ängstlichem oder freundlichem Verhalten zugeordnet werden. Viele Hunde drücken damit Unwohlsein oder Unsicherheit aus, es wird aber auch im Spiel oder bei freundlicher Interaktion mit dem Menschen gezeigt. Sicher ist dir schon klar, dass du beim Einordnen von Belllauten immer zusätzlich körpersprachliche Signale beachten solltest, um richtige Schlüsse ziehen zu können.

Viele körpersprachliche Details sind nach hinten/unten gerichtet. Entsprechend hoch wird der Belllaut sein – der Hund zeigt, dass er sich unwohl fühlt.

Das Bellen kann sich im Verlauf einer Situation verändern. Wenn ein Hund beispielsweise angeleint warten muss, während die Bezugsperson irgendwo Futter für ihn versteckt, kann sich die durch diese spielerische Interaktion ausgelöste Vorfreude durch hohes, erregtes Bellen äußern. Muss der Hund jedoch zu lange warten, kommt Frust hinzu. Das Bellen wird tiefer und es können nun auch Knurrlaute mit dabei sein. Solltest du bei deinem Hund so etwas beobachten, kannst du daraus schließen, dass die Aufgabe für deinen Hund zu schwierig war. Achte beim nächsten Mal darauf, sie etwas leichter zu gestalten.

Hunde bellen auch, wenn sie etwas von uns Menschen erwarten. Sie bellen uns dann direkt an, je nach Erregungslevel mehr oder weniger hoch. Nicht selten haben wir ihnen das sogar unbewusst beigebracht, indem wir subtilere Zeichen ignoriert haben, ähnlich wie in meinem Beispiel mit dem Knurren bei Knicka. Häufig ist es aber auch Veranlagung. Manche Hunde neigen dazu, durch Bellen zu kommunizieren, andere kommen kaum auf diese Idee.

Stress kann ebenfalls ein Grund für Bellen sein. Steht ein Hund häufig unter Stress, kann er sogar zum Dauerbeller werden.

Bellen solltest du als Kommunikationsform ebenso wenig verbieten wie Knurren. Bedenke, dass Hunde viele Jahrhunderte lang genau darauf gezüchtet wurden: Sie sollten Laut geben, wenn sie etwas bemerkten, und so zum Beispiel warnen, wenn sich jemand Unbekanntes Haus und Hof näherte. Falls das Bellen deines Hundes in bestimmten Fällen stört oder zu viel geworden ist, solltest du herausfinden, warum dein Hund bellt, und die Situation entsprechend verändern. Lass dir dabei im Zweifel von einem Trainer helfen.

Körpersprache im Detail

Neben den Basics in der Hundesprache gibt es viele weitere Details zu beobachten, die je nach Kontext verschiedene Bedeutungen haben können. Wenn du sie nicht nur wahrnehmen, sondern auch einordnen kannst, wirst du deinen Hund noch besser verstehen und sein Befinden genauer einschätzen können. Dann genügt ein Kopfabwenden, um dir ein feines Nein zu signalisieren, und dir wird bewusst sein, dass es deinen Hund vielleicht juckt, wenn er sich kratzt, aber auch andere Dinge dahinterstecken können.

Die Vorderkörpertiefstellung

Wenn dein Hund den Vorderkörper absenkt, also seine Vorderläufe so abwinkelt, dass sich die Brust nach unten bewegt, spricht man von einer Vorderkörpertiefstellung. Diese Haltung habe ich im Buch weiter vorn schon erwähnt. Sie wird fälschlicherweise häufig ausschließlich als Spielaufforderung eingeordnet. Wir wollen sie uns nun genauer betrachten, und du wirst schnell feststellen, dass es je nach Situation kleine bis große Unterschiede in den körpersprachlichen Details gibt, die dir mehr über die Motivation hinter der Vorderkörpertiefstellung verraten. Es kann sich tatsächlich um eine Spielaufforderung oder ein Spielsignal handeln. Dann sieht es so aus wie bei Lexi auf dem unteren Bild und wird auch als Play Bow bezeichnet. Typisch dafür ist der stark abgesenkte Vorderkörper. Die Ellenbogen liegen fast schon auf dem Boden auf und die Vorderbeine sind mal mehr, mal weniger gespreizt, sodass sich ein V ergibt. Der Kopf und somit auch der Blick sind vom Spielpartner abgewandt und die Ohren und Maulwinkel werden häufig nach hinten gezogen. In den Augen kann man oft Weiß erkennen. Hunde im Play Bow haben einen etwas „verrückten" Gesichtsausdruck – ein typisches Spielgesicht, in dem aufgrund der lockeren Muskulatur und der Bewegung des Hundes alles ein bisschen verrutscht und aus den Fugen geraten erscheint. Der Hund wirkt insgesamt weich und geschmeidig, die Bewegungen sind nicht selten kurvig. Individuelle Variationen je nach Hund sind wie immer möglich. Den Play Bow als typisches Spielsignal siehst du nicht nur als Aufforderung zu Beginn des Spiels. Er wird auch während des Spiels gezeigt. Dann dient er meistens dazu, eine kurze Pause einzuläuten und dem Gegenüber zu versichern, dass es sich nach wie vor um Spiel handelt.

Ganz ähnlich wie der Play Bow sieht die Vorderkörpertiefstellung aus, wenn ein Hund nicht weiß, wie er bei einer Begegnung auf einen anderen – meist fremden – Hund reagieren soll. Zeigt er diese Haltung, fühlt er sich wahrscheinlich ein wenig verunsichert, vielleicht sogar bedroht. Man spricht dann vom Fiddeln. Es wirkt teilweise wie „Herum-

VORDERKÖRPERTIEFSTELLUNG ALS SPIELAUFFORDERUNG (PLAY BOW)

kaspern" und ist meist sehr bewegungsintensiv. Das Fiddeln zählt zu den sogenannten vier F und damit zu den Verhaltensweisen, die Hunde zeigen können, wenn sie in Bedrängnis geraten. Mehr darüber erfährst du auf Seite 119 in diesem Buch. Es ist manchmal gar nicht so leicht, Fiddeln vom Play Bow zu unterscheiden. Auch hier hüpft der Hund oft um den anderen herum. Er ist dabei jedoch deutlich angespannter, sodass seine Bewegungen zackiger wirken und nicht so weich wie bei einem Spiel. Schau dir Lexi beim Fiddeln auf der oberen Zeichnung an. Du wirst die Unterschiede zum Play Bow bestimmt erkennen. Die Vorderkörpertiefstellung beim Fiddeln soll das Gegenüber besänftigen und die Anspannung aus der Situation nehmen. Merkt der fiddelnde Hund dann, dass der andere doch nett ist, kann das Fiddeln auch in ein Spiel übergehen. Bei Begegnungen mit fremden Hunden geschieht das aber eher selten, und wenn es vorkommt, solltest du weiterhin aufmerksam hinsehen und darauf achten, ob der Hund, der zuvor gefiddelt hat, sich in der Interaktion tatsächlich wohlfühlt.

So etwas wie Fiddeln gibt es bei uns Menschen übrigens auch. Vielleicht kennst du Situationen, in denen du dich in Gegenwart eines anderen Menschen unwohl gefühlt und dann angefangen hast zu lachen, obwohl das nicht so richtig in die Situation gepasst hat. Dieses Lachen hat zum Ziel, „gute Stimmung" beim Gegenüber zu machen.

Eine dritte Variante der Vorderkörpertiefstellung ist der sogenannte Prey Bow, der aus dem Jagdverhalten kommt, aber auch in Hundebegegnungen gezeigt werden kann. Lexi zeigt dir auf der dritten Zeichnung wieder die typischen körpersprachlichen Details. Charakteristisch für den Prey Bow ist, dass viele oder sogar alle körpersprachlichen Details auf das Gegenüber ausgerichtet sind. Bei der

VORDERKÖRPERTIEFSTELLUNG ALS JAGDVERHALTEN (PREY BOW)

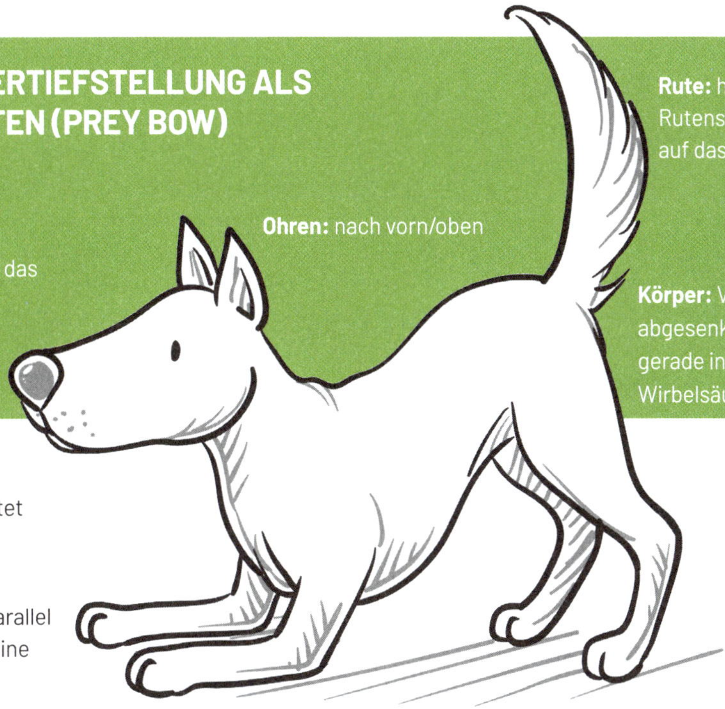

Jagd ist das sinnvoll, denn in dieser Haltung fokussiert sich der Hund auf seine Beute, um im passenden Moment auf sie zuzusprinten. Wird der Prey Bow in Hundebegegnungen gezeigt, deutet das auf große Anspannung hin. Gerade wenn große Hunde kleine Hunde auf diese Weise belauern, kann das unangenehm ausgehen. Tatsächlich ist es möglich, dass der große Hund den kleinen als Beute sieht und entsprechend jagen, hetzen und packen möchte. Um Spiel geht es in diesem Moment ganz sicher nicht.

In all diesen Situationen hat die Vorderkörpertiefstellung neben dem, was sie aussagt, noch einen praktischen Nutzen: Sie ermöglicht es dem Hund, sehr schnell in die verschiedensten Richtungen zu springen. Das ist sowohl beim Spiel als auch bei Unsicherheit und beim Jagen hilfreich.

Es gibt noch weitere Situationen, in denen Hunde die Vorderkörpertiefstellung zeigen, wobei die einzelnen körpersprachlichen Details wieder etwas von den bisher beschriebenen abweichen. Die bekannte Hundetrainerin Turid Rugaas ordnet diese Haltung beispielsweise den Beschwichtigungssignalen zu – das passt zur zweiten von mir beschriebenen Variante, dem Fiddeln. Außerdem zeigen auch Hunde mit Bauchweh die Vorderkörpertiefstellung. In diesem Fall ist es eine Schonhaltung, die oft mit einem Schmerzgesicht kombiniert ist, also mit Muskelwülsten im Gesicht, nach hinten verdrehten Ohren, angespannter Augenpartie. Selbstverständlich wird diese Haltung auch genutzt, wenn ein Hund sich einfach mal kräftig strecken möchte.

Du siehst also: Es lohnt sich, genauer hinzuschauen, um die Bedeutung der Vorderkörpertiefstellung richtig einordnen zu können. Vielleicht kennst du ja sogar noch die eine oder andere Variante, die ich hier nicht aufgeführt habe.

Meideverhalten

Wenn dein Hund laut knurrend und zähnefletschend vor dir steht, dann weißt du sofort: Er sagt gerade klar und deutlich Nein. Die kleinen und feinen Signale, mit denen Hunde um mehr Abstand bitten oder darum, dass wir mit dem aufhören, was wir gerade tun (etwa frontal annähern, um den Hund anzuleinen oder zu bürsten), übersehen wir Menschen hingegen oft und übergehen sie - unabsichtlich. Es ist jedoch wichtig, dass du das „leise" Nein deines Hundes kennst. So kannst du früh auf seine Bitte reagieren und er muss nicht deutlicher werden. Lexi zeigt sie dir auf der Zeichnung. Wie immer gilt, dass nicht jeder Hund Meideverhalten auf die gleiche Weise zeigt, aber es gibt eine gute Richtlinie, an der du dich orientieren kannst, um Meideverhalten zu erkennen: Sehr vieles bis alles geht vom Auslöser weg. Stell dir beispielsweise vor, du kommst mit einer Bürste in der Hand auf deinen Hund zu. Du bist noch circa 5 Meter von ihm entfernt, da gehen seine Ohren nach hinten, er blinzelt, wendet dann den Blick komplett von dir ab und dreht sogar den Kopf von dir weg. Dabei leckt er sich über die Nase und du siehst auch ein bisschen Weiß am Augenrand. Du kommst noch ein Stück näher und nun knicken die Beine ein Stückchen ein und dein Hund verlagert seinen Körperschwerpunkt von dir weg. All das zeigt dir deutlich, dass dein Hund weg möchte und gerade Nein

MEIDEVERHALTEN

zum Bürsten sagt. Was genau passiert, wenn du diese Anzeichen übergehst und ihn trotzdem bürstest, hängt vom einzelnen Hund ab – von seinen Vorerfahrungen und seiner Persönlichkeit. Je nachdem, wie belastend oder bedrohlich dein Hund die Gesamtsituation empfindet, könnte er sich gezwungen fühlen, deutlicher zu werden. Dann geht er auf der sogenannten Eskalationsleiter einen oder sogar mehrere Schritte weiter nach oben und knurrt, schnappt ab oder beißt vielleicht sogar zu. Das liegt nicht daran, dass dein Hund böse ist. Er hatte nur keine andere Wahl. Wenn sein leises, freundliches Nein ignoriert wird, muss er deutlicher werden, um die für ihn unerträgliche Situation zu beenden.

Selbstverständlich ist es klar, dass das Bürsten bei vielen Hunden unumgänglich ist, damit das Fell nicht verfilzt oder verknotet. Ich empfehle dir, dich mit dem sogenannten Medical Training zu beschäftigen. Mit dieser Technik kannst du deinem Hund beibringen, dass er beim Bürsten (und in zahlreichen anderen potenziell unangenehmen Situationen) mit dir kooperiert. Dann muss er gar nicht mehr Nein sagen, wenn du mit der Bürste auftauchst.

Beobachte deinen Hund im Alltag genau, und dir werden noch viele weitere Situationen auffallen, in denen er Nein sagt. So zeigt mein Hund zum Beispiel Meideverhalten, wenn er nicht fressen möchte. Dann dreht er seinen Kopf vom Futter weg und ich weiß, dass es nicht das richtige Futter oder nicht der richtige Zeitpunkt ist. Wenn du das freundliche Nein deines Hundes öfter mal bemerkst und gelten lässt, wird er lernen, dass du ihn mit seinen Bedürfnissen wahrnimmst und es sich für ihn lohnt, mit dir zu kommunizieren. Er wird dies dann häufiger tun. Das ist toll und es wird euer Zusammenleben ungemein bereichern.

Dieser Hund möchte gerade nicht angefasst werden. Das zeigen die von der Hand weggerichteten körpersprachlichen Details deutlich.

Ressourcensicherung

Genau wie beim Meideverhalten wirst du deutlich erkennen, wenn dein Hund Dinge verteidigt, beispielsweise einen Kauknochen oder etwas anderes, das ihm wichtig ist. Wenn du dich annäherst, wird er mit seinem „Schatz" von dir weglaufen oder knurrend, vielleicht auch abschnappend nach vorn springen. Es gibt aber auch hier im Vorfeld wieder viele kleine Anzeichen, die dir verraten, dass dein Hund etwas nicht hergeben möchte. Wenn du diese siehst und seinen Wunsch vielleicht sogar respektieren kannst, muss dein Hund – oder auch ein anderer Hund – gar nicht erst so deutlich werden wie eben beschrieben.

Lexi zeigt wieder die wichtigsten beziehungsweise häufigsten Merkmale, die bei Hunden in solchen Situationen zu erkennen sind. Sehr oft wird der Kopf oder das Kinn über die Ressource gehalten. Wenn du dich annäherst, wird dein Hund den Kopf also etwas abgesenkt halten und den Blick nach oben richten, sodass ein bisschen Weiß am unteren Augenrand oder im Augenwinkel zu sehen ist. Der Fang ist geschlossen, was auf Anspannung hindeutet. Näherst du dich weiter an, kann es sein, dass dein Hund die Lefzen anhebt – manchmal nur ganz wenig, manchmal aber auch so deutlich, dass sich der Nasenrücken kräuselt. Einige Hunde wenden sich mit der Ressource komplett vom Menschen ab – in dem Fall schützt der Hund seinen kostbaren Besitz nicht nur mit dem Kopf, sondern schirmt ihn mit dem gesamten Körper ab. Meist sind die Ohren nach hinten gelegt, manchmal gehen sie aber auch nach vorn. Das hängt sehr wahrscheinlich davon ab, mit wie viel Gegenwehr der Hund in der Situation rechnet (lies hierzu auch den Abschnitt

RESSOURCENSICHERUNG

Nähert sich ein Mensch oder anderer Hund an, kann es gut sein, dass dieser Hund die Ressource schnell abschluckt.

über das sichere Drohen auf Seite 26). Die Körperspannung des Hundes nimmt insgesamt zu. Liegt er, zieht er die Rute meist an den Körper heran. Die Vorderbeine liegen oft parallel und die Hinterbeine sind angewinkelt.

Es kann sein, dass dein Hund neben dem Abschirmen einer Ressource im Liegen, Sitzen oder Stehen und dem Weglaufen noch eine weitere Möglichkeit zur Ressourcensicherung nutzt: Er schluckt seinen „Schatz" schnell ab – das passiert nicht nur mit Essbarem und kann gefährlich werden. Daher ist es wichtig, dass du mit deinem Hund das Abgeben von Dingen übst.

Bei uns gilt die Regel: Was ich Knicka gebe, darf er auch behalten. Damit ich ihm im Notfall (Stichwort: Giftköder) trotzdem etwas wegnehmen kann, habe ich extrem sicher geübt, dass er Dinge ausgibt. Im Training hat er dabei gelernt, dass für ihn etwas Gutes/ noch Besseres hinzukommt, wenn ich mich annähere und etwas von ihm haben will. Das, was er mir dann gibt, darf er im Anschluss auch noch fressen. Nur im Ernstfall bekommt er es nicht zurück – aber Ernstfälle haben wir nur sehr, sehr selten.

Knicka hat auf diese Weise gelernt, dass er mir vertrauen kann und es sich für ihn absolut lohnt, mir Dinge zu geben. Ich denke, du kannst gut nachvollziehen, wie wertvoll das auch für unsere Beziehung ist. Wenn du jetzt denkst: „Mmmmh, Mist, das habe ich bisher eigentlich anders gemacht und mein Hund schluckt schon mal schnell was runter oder verteidigt es auch ...", dann würde ich dir raten, einen guten Trainer mit ins Boot zu holen und dir zeigen zu lassen, wie du es schaffst, dass dein Hund mit dir kooperiert.

Stressanzeichen

Stress ist ein Wort mit umfassender Bedeutung. Hier im Buch ist es nicht wertend gemeint. Es geht hier nicht um „guten" oder „schlechten" Stress, sondern wenn ich von Stressanzeichen spreche, meine ich Details, die auf eine erhöhte Anspannung – also ein erhöhtes Erregungslevel – hindeuten. Stress gehört zum Leben, und ein tolles Spiel oder fröhliches Herumtoben kann auf positive Weise die Erregung steigern und Stressanzeichen hervorrufen. Für dich wichtig ist, dass du erkennst, wann deinem Hund etwas zu viel wird und ihn belastet. Eine häufige Stressursache bei Hunden sind innere Konflikte. Auch diese müssen nicht negativ sein. Wenn dein Hund beispielsweise zwischen zwei für ihn positiven Dingen wählen kann, steigt sein Erregungslevel an. Du kann dir aber sicher vorstellen, dass die Erregung auch dann größer wird, wenn er sich zwischen zwei negativen Dingen entscheiden muss. Innere Konflikte spielen sich, wie die Bezeichnung schon sagt, verborgen im Hund ab. Erst wenn ein Konflikt zu groß wird oder zu lange andauert, wird er an der Körperoberfläche sichtbar.

Es gibt so viele Stressanzeichen, dass ich dir hier nur einige aufzählen kann – es sind bei Weitem nicht alle. Stressanzeichen sind sehr individuell und du kannst nur durch genaues Beobachten herausfinden, wie sich Stress bei deinem Hund äußerst. Das ist nicht immer einfach. Ich habe zum Beispiel lange Zeit gedacht, dass Knicka eine Futtermittelallergie hat, weil er sich so oft kratzte. In Wirklichkeit war das aber ein Stressanzeichen, das ich damals leider noch nicht richtig einordnen konnte.

Der gestresste Lexi gibt dir hier einen Überblick über mögliche Stresszeichen: Oftmals sieht man Weiß in den Augen – mehr dazu auf Seite 36 in diesem Buch. Einige Hunde

STRESSANZEICHEN

haben bei großem Stress erweiterte Pupillen, zittern stark, eventuell bekommen sie auch Schweißpfoten, die Haut wird schuppig oder sie verlieren schlagartig Fell. Das kann man zum Beispiel oft bei Hunden beobachten, die große Angst beim Tierarztbesuch haben. Typisch für Stress sind zudem nach hinten/oben gezogene Ohren, die oft – ebenso wie der Kopf – ruckartig bewegt werden. Das liegt an der großen Anspannung, die auch den Gang staksig und alle Bewegungen hakelig aussehen lässt.

Lippenlecken, Gähnen oder Niesen sind weitere Stresszeichen. Bei manchen Hunden fallen auch aufgeplustert wirkende Lefzen auf. Dieser Eindruck entsteht, weil das Maul durch die Anspannung geschlossen ist und der Hund stark ausatmet – so plustern sich die Lefzen/Backen zunächst auf, bevor die Luft entweicht.

Das typische Stressgesicht zeichnet sich unter anderem durch die bereits erwähnten nach hinten/oben gezogenen Ohren aus. Die Kopfhaut/Stirn zieht sich ganz glatt, die Augen werden schlitzförmig und die Maulwinkel sind nach hinten gezogen. Häufig hechelt der Hund dabei. Zwischen Maul- und Augenpartie werden Muskelwülste sichtbar.

Bellt der Hund aufgrund von Stress, ist die ganze Bandbreite von Lautäußerungen möglich: Stereotypes oder schrilles Bellen ist ebenso möglich wie tiefes Bellen. Einige Hunde bellen auch dauerhaft oder besonders schnell und heftig. Fiepen und weitere Töne können ebenfalls auf Stress hindeuten. Was vielen nicht bekannt ist: Bei Rüden kann ein ausgeschachteter Penis oder die sichtbare Penisspitze ein Anzeichen für eine erhöhte Erregung sein. Die stärkere Körperspannung sorgt dafür, dass sich die Vorhaut etwas zurückzieht. Durch diese Anspannung verlangsamen sich außerdem die gesamten Bewegungen. Manche Hunde frieren sogar komplett ein. Sich strecken, sich schütteln, vermehrtes Urinieren/Markieren und Koten können ebenfalls stressbedingt sein. Ebenso gut ist es allerdings möglich, dass der Hund vor Aufregung „vergisst" zu pinkeln oder Kot abzusetzen.

Das waren jetzt eine ganze Menge Anzeichen, oder? Und wie bereits erwähnt, gibt es noch viele mehr. Die Anzeichen können einzeln gezeigt werden oder auch in Kombination. Mein Hund kratzt sich bei Stress häufig und auch vermehrtes, hohes Bellen ist typisch für ihn. Wenn eine stressige Situation länger andauert und seine Nerven blank liegen, merkt man das daran, dass er auf verschiedenste mögliche Auslöser viel schneller reagiert.

Bitte beachte, dass nicht alle aufgeführten Anzeichen grundsätzlich auf Stress oder Anspannung hindeuten. So kann ein Lippenlecken beim Warten auf ein Leckerchen gezeigt werden, und Gähnen kann bedeuten, dass der Hund schlicht und einfach müde ist. Wieder einmal musst du dir die Gesamtsituation anschauen. Nur so wirst du herausfinden, ob das, was du siehst, bedeutet, dass dein Hund Unterstützung braucht.

Hinweis

Hält eine stressige Situation lange an oder folgen mehrere stressige Situationen kurz aufeinander, wird es für den Körper des Hundes immer schwieriger, die Erregung angemessen zu regulieren. Im schlechtesten Fall startet der Hund in jeden neuen Tag etwas gestresster als am Vortag. Ohne gezielte Hilfe ist es schwer, diesen Teufelskreis zu durchbrechen. Oft ist es nötig, mit professioneller Hilfe zu schauen, wie man Entspannung in den Alltag und in für den Hund belastende Situationen bringen kann, denn anhaltender Stress beeinträchtigt die Lebensqualität erheblich und macht auf Dauer krank.

Lauern

Legt dein Hund sich bei Hundebegegnungen genauso hin wie Lexi auf dem Körpersprachie? Oder ist es umgekehrt und ihr begegnet gelegentlich, vielleicht sogar regelmäßig Hunden, die das machen? Das würde mich nicht wundern, denn dieses Verhalten sieht man nicht selten. Schauen wir uns die Körpersprache hier erst einmal genauer an: Der Hund legt sich beim Anblick eines anderen Hundes hin, senkt dabei den Kopf auf Höhe der Rückenlinie ab und streckt ihn häufig ein kleines bisschen nach vorn. Der Blick ist auf das Gegenüber fokussiert und die Ohren sind nach vorn/oben gerichtet. Der Fang ist geschlossen, der Körper ist im Liegen angespannt und sehr gerade auf den anderen Hund ausgerichtet. Die Vorderbeine liegen parallel und die Hinterbeine sind unter den Körper gezogen, sodass der Hund jederzeit losspringen kann. Die Haltung erinnert an einen Pfeil, der direkt auf den anderen Hund zeigt. Die Rute liegt meistens lang und gerade nach hinten ausgestreckt, als würde sie diesen Pfeil verlängern. Wie immer gibt es je nach Situation und Hund Abweichungen. Manche Hunde schieben den Kopf nicht nach vorn, andere wedeln ein bisschen mit der Rute ... Mein Knicka bleibt beispielsweise eher stehen, als sich hinzulegen, aber die restlichen Details entsprechen den gerade beschriebenen und das Verhalten hat die gleiche Funktion: Ein Hund, der so lauert, möchte das Gegenüber grundsätzlich erst mal auf Abstand halten. Das teilt er durch seine Ausrichtung und den direkten Blickkontakt deutlich mit. Entweder soll der andere Hund gar nicht näher kommen, oder er soll seine Art der Annäherung zumindest verändern, weil er aktuell beispielsweise zu direkt oder zu schnell kommt und auf den lauernden Hund bedrohlich wirkt.

LAUERN

Der Hund links lauert angespannt. Der Hund rechts wirkt entspannt – geöffneter Fang, ausgestreckte Hinterläufe – vielleicht sieht er gerade seinem Hundekumpel entgegen.

Es ist spannend, sich in diesem Kontext den anderen Hund anzuschauen. Sehr häufig erkennt man eine Veränderung in der Annäherung; der Hund zeigt zum Beispiel Beschwichtigungssignale, er wendet den Blick ab oder er läuft einen Bogen. Ebenso häufig ist leider zu beobachten, dass die zu den sich begegnenden Hunden gehörigen Menschen ihre Hunde trotzdem weiter aufeinander zuführen, weil sie die Bedeutung der Signale nicht kennen.

Egal, ob dein Hund mit diesem Verhalten eine Begegnung ganz vermeiden oder verändern möchte: Hier bist du als Mensch gefragt! Versuche, den genauen Grund herauszufinden. Sind ihm vielleicht bestimmte Hundetypen unheimlich und er zeigt es nur bei diesen? Oder möchte er grundsätzlich lieber mehr Abstand? Bereiten ihm Hundebegegnungen generell Stress? Scheue dich nicht, dir Unterstützung zu suchen. Mit einem geeigneten Trainingsansatz lässt sich viel erreichen.

Falls der andere Hund sich hinlegt, solltest du sein Signal beachten und mit deinem Hund Abstand halten. Gerade bei unbekannten Hunden laufe ich mit meinem Hund einen großen Bogen oder drehe auch mal um, falls kein Platz zum Ausweichen ist. So lässt sich eine Situation vermeiden, in der sich beide Hunde unwohl fühlen.

Falls du jetzt denkst: „Mein Hund macht das aber nicht bei Hundebegegnungen, sondern wenn wir im Wald unterwegs sind und er Beute entdeckt hat", dann hast du richtig beobachtet. Diese Körperhaltung kommt auch beim Jagdverhalten vor, wenn potenzielle Beute belauert wird. Außerdem gibt es Hunde, die sich bei Begegnungen zwar hinlegen, aber dabei nicht lauern. Sie liegen dann locker und „kurvig" da, wenden den Blick ab und warten vielleicht so auf ihren Hundekumpel – das ist eine ganz andere Situation.

Zum Abschluss möchte ich dir noch erzählen, wie und warum mein Hund Knicka bei Hundebegegnungen lauert: Knicka hat so seine Probleme mit Artgenossen. Große Hunde findet er oft gruselig. Wenn ihm ein solcher Hund entgegenkommt, fühlt er sich ausgesprochen unwohl. Wird der Abstand für ihn zu klein – Unterschreitung seiner Individualdistanz –, versucht er, sich den anderen Hund durch Lauern von der Pelle zu halten. Knicka kann dann kaum noch klar denken. Er fühlt sich bedroht und sein Gehirn schaltet in den „Automatikmodus". Bei ihm sieht das in der Regel so aus: Seine Körperspannung steigt stark an und er geht langsam und kerzengerade ein Stück auf den anderen Hund zu, bis er irgendwann in dieser Haltung stehen bleibt. Sein Kopf ist auf Rückenhöhe abgesenkt, die Ohren sind nach vorn/oben gerichtet und er fokussiert den anderen Hund. Die Rute – die er als Ringelrute über dem Rücken trägt – verlängert hier nicht den beschriebenen Pfeil, sondern der Rutenansatz liegt nahezu auf dem Rücken auf. Die Rute geht also so weit nach vorn wie irgendwie möglich. Der Fang ist vor Anspannung geschlossen.

Kommt der andere Hund nun trotz dieser eindeutigen Signale näher, springt Knicka in vielen Fällen mit einem Satz auf ihn zu – dabei bellt und knurrt er häufig. Bei manchen Hunden friert Knicka aber auch ein. Er verharrt also auf der Stelle, bis die Situation vorbei ist. Und es gibt noch eine dritte Variante: Ab und an springt Knicka „albern" vor dem anderen Hund herum. Das erinnert an eine Spielaufforderung, ist es aber meistens nicht. Du erinnerst dich sicher: Er „fiddelt".

Du siehst: Was nach dem Lauern folgt, ist nicht nur je nach Hund, sondern auch je nach Situation unterschiedlich. Es hängt von bisherigen Lernerfahrungen, Emotionen und Motivationen ab und natürlich auch von der Körpersprache des anderen Hundes. Knicka lauert bei Hundebegegnungen aus Unsicherheit. Sie sind sehr anstrengend für ihn. Mittlerweile zeigt er das Verhalten seltener, weil ich ihm gezeigt habe, dass er auch eigenständig aus Situationen gehen kann und mit dem anderen Hund keinen direkten Kontakt haben muss, wenn er das nicht möchte. Das funktioniert bei uns super und hat Knickas Lebensqualität massiv verbessert, weil er belastende Situationen vermeiden kann.

Lauern bei freundschaftlichen Begegnungen

Knickas kleine Freundin legte sich in Begrüßungssituationen zwischen den beiden immer in die Lauerstellung. Anscheinend mochte sie die von ihm gezeigte schnelle, gerade Annäherung nicht. Nachdem Knicka meinen Vorschlag annehmen konnte und bei der Annäherung nun am Boden schnüffelt, legt sich die Hündin nicht mehr hin. Seither verlaufen die Begegnungen von Anfang an entspannter.

Aktive Demut

Wenn Hunde an einem netten Kontakt interessiert sind, zeigen sie bei der Annäherung eine Reihe von freundlichen Signalen, die dem Gegenüber sagen, dass von ihnen keine Gefahr ausgeht. Diese Signale können unterschiedlich sein, je nachdem, wie selbstbewusst der Hund ist, welche Lernerfahrungen er in ähnlichen Situationen gemacht hat, ob das Gegenüber bekannt oder unbekannt ist und wie es eingeschätzt wird.

Sicherlich hast du schon mal einen Hund gesehen, der sich wie Lexi auf dem Körpersprachie annähert. Vielleicht hast du dieses Verhalten auch schon bei deinem Hund beobachtet. In Fachkreisen wird es „aktive Demut" genannt. Typisch dafür sind folgende körpersprachliche Details, die je nach Hund ein bisschen variieren können: Der Kopf wird von unten her dem Gegenüber angenähert. Der Fang ist oft geschlossen und die Maulwinkel sind weit nach hinten gezogen. Häufig versucht der Hund bei direktem Kontakt, dem Gegenüber die Maulwinkel zu lecken. Die Augen sind schlitzförmig und die Ohren sind nach hinten angelegt. Der Körper wirkt sehr kurvig und bewegt sich viel. Die Rute wird tief getragen und wedelt schnell. Die Vorderläufe sind oft eingeknickt, wodurch es zu einer Vorderkörpertiefstellung kommt. Die hohe Bewegungsintensität bei dieser Art von Annäherung zeigt, dass mehr oder weniger viel Aufregung mit im Spiel ist.

AKTIVE DEMUT

Der rechte Hund beschwichtigt den linken, indem er dessen Maulwinkel von unten beleckt.

Mein Hund Knicka zeigt dieses Verhalten seit einiger Zeit, wenn er Menschen begrüßt. Ausschlaggebend dafür war eine Situation, in der er jemanden begrüßen wollte und diese Person ihn dann unglücklich ans Ohr gefasst hatte, was Knicka wehtat. Seither demonstriert er lieber im Vorfeld schon, wie nett er ist und dass es keinen Grund gibt, ihm wehzutun. Er ist durch dieses Erlebnis in Begegnungen mit Menschen aufgeregter als früher und springt auch oft an ihnen hoch, vermutlich um die Mundwinkel der Person zu erreichen und diese beschwichtigend zu belecken. Bei Knicka wird durch die aktive Demut deutlich, dass er sich in einem Konflikt befindet. Zum einen möchte er gern weiterhin zu den Menschen hin und Hallo sagen, zum anderen hat er Sorge, dass ihm diese Person wieder wehtun könnte.

Je nach Intensität eines solchen inneren Konflikts kann die Aufregung so groß sein, dass der Hund eigenständig nicht mehr aus dem erregten Verhalten findet. Das wiederum kann zu Schwierigkeiten führen, weil das Gegenüber oftmals unfreundlich auf eine derart erregte Annäherung reagiert. Viele Menschen mögen es nicht, wenn sie angesprungen werden, und schimpfen dann. Auch andere Hunde antworten auf eine solche Distanzlosigkeit nicht selten mit Drohverhalten. Der Hund, der eigentlich beschwichtigen wollte, reagiert auf das unwirsche Verhalten seines Gegenübers mit noch aufgeregteren Demutssignalen – ein Teufelskreis entsteht! Wenn es sich um deinen Hund handelt, ist es deine Aufgabe, allen Beteiligten in dieser Situation zu helfen. Rufe deinen Hund aus der Situation ab, um für Entspannung zu sorgen. Im nächsten Schritt solltest du dir genauer anschauen, in welchem Kontext das passiert und wie du gezielt an den sozialen Unsicherheiten deines Hundes arbeiten kannst.

Passive Demut

Eine weitere Form von Demutsverhalten ist die passive Demut. Körpersprachlich kannst du dabei, wie Lexi zeigt, folgende Details sehen, wie immer mit Abstufungen und individuellen Besonderheiten: Der Hund hält seinen Körper tief, häufig legt er sich auf den Rücken. Er bewegt sich wenig oder verharrt sogar regungslos, eventuell verliert er Urin. Er wendet seinen Kopf vom Gegenüber ab, ebenso den Blick. Die Augen sind schlitzförmig verengt, der Fang ist geschlossen, die Maulwinkel sind nach hinten gezogen und die Ohren nach hinten an den Kopf angelegt. Die Beine sind teils angezogen und die Rute ist deutlich eingeklemmt.

Im Gegensatz zur aktiv vom jeweiligen Hund gezeigten Demut, ist die passive Demut eine Reaktion auf die Handlung des Gegenübers. Das heißt, der Hund reagiert in dem Moment auf die für ihn bedrohliche Körpersprache beziehungsweise das bedrohliche Verhalten des anderen, egal, ob es sich dabei um einen Artgenossen oder einen Menschen oder ein anderes Tier handelt.

Kürzlich konnte ich das bei meinem Knicka beobachten. Wir waren im Park unterwegs und dort lag ein Hund auf der Wiese. Knicka näherte sich diesem Hund neugierig an. Als er noch circa 10 Meter entfernt war, sprang der andere Hund wild knurrend und zähnefletschend auf Knicka zu. Knicka reagierte sofort auf die ernsthafte Drohung,

PASSIVE DEMUT

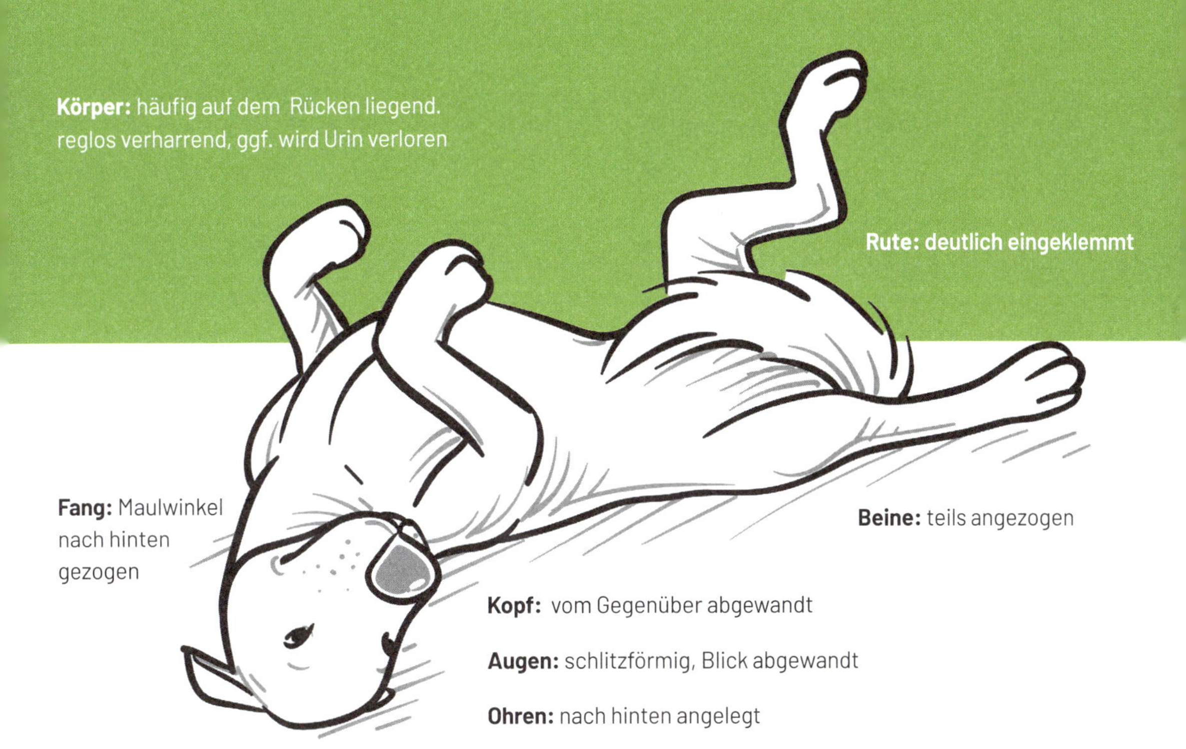

Vorsicht, Mythos!

Leider hört und liest man immer noch den Tipp, dass man seinen Hund auf den Rücken drehen soll, um ihm zu zeigen, dass man der Chef ist. Begründet wird dies damit, dass Hunde dies untereinander auch so machen. Du weißt nun aber, dass Hunde sich bei Bedrohung von sich aus auf den Rücken drehen, um passive Demut zu signalisieren. Sie werden nicht umgedreht. Selbstverständlich kann es durch Rempeleien bei Auseinandersetzungen vorkommen, dass ein Hund hinfällt, aber so ein Sturz hat nichts mit passiver Demut zu tun. Wenn sich ein unterlegener Hund auf den Rücken dreht, ist das immer eine Reaktion auf eine direkte Bedrohung. Nicht mehr und nicht weniger.

indem er sich auf den Rücken warf und auf diese Weise zeigte, dass er die Botschaft verstanden hat und von ihm keine Gefahr ausgeht. Der andere Hund hatte übrigens ein Bällchen bei sich und dachte, Knicka wolle ihm dieses streitig machen. In der Interaktion mit Menschen kann man die passive Demut beispielsweise dann beobachten, wenn der Mensch gerade sauer ist. Stell dir vor, dein Hund soll entspannt neben dir bei Fuß laufen, stattdessen aber springt er wild um dich herum und fiept und bellt. Um das zu stoppen, hältst du die Leine kurz und meckerst ihn an. Dabei drehst du dich frontal zu ihm und beugst dich vielleicht sogar über ihn. Wenn er sich jetzt ganz klein macht oder auf den Rücken dreht, kannst du sicher sein, dass er deine Signale verstanden hat: Er weiß jetzt, dass du gerade sauer bist, möchte dein „Aggressionsverhalten" mit dieser Reaktion stoppen und dir zeigen, dass von ihm keine Gefahr ausgeht. Was er höchstwahrscheinlich nicht verstanden hat, ist, dass er „bei Fuß" laufen soll.

Wichtig zu wissen ist: Falls die passiven Demutssignale eines Hundes vom Gegenüber ignoriert werden, die Bedrohung also weitergeht, kann es passieren, dass der gerade noch demütige Hund sich so stark bedroht fühlt, dass er in seiner Not nach vorn geht und sich massiv wehrt.

Erkundungsverhalten

Wenn du mit deinem Hund durch die Umwelt läufst, wirst du beobachten, wie er oftmals den Kopf anhebt oder senkt und dabei schnüffelt. Hunde nehmen viel mit ihrer Nase wahr, sie schauen sich aber auch gern in der Gegend um, lauschen nach Geräuschen oder inspizieren am Boden Grasbüschel und Co., wo Artgenossen ihre Nachrichten hinterlassen haben. Nicht selten widmen sie sich Dingen, die uns Menschen vollkommen uninteressant erscheinen – schlicht deshalb, weil wir das Interessante daran nicht wahrnehmen können.

Schauen wir uns nun an, durch welche körpersprachlichen Details sich das sogenannte Erkundungsverhalten auszeichnet. Bei Lexi sieht das so aus: Er ist neugierig, aber recht entspannt unterwegs. Die Rute befindet sich daher in entspannter Normalhaltung. Der Körper wirkt weich und die Bewegungen sind fließend. Die Beine bewegen sich locker und sind meist in Bewegung, weil Lexi auf das zuläuft, was ihn interessiert. Die Ohren sind aufmerksam auf das gerichtet, was die Aufmerksamkeit erregt. Auch der

Kopf wird in der entsprechenden Höhe getragen und der Blick geht ebenfalls dorthin. Der Fang ist locker geschlossen oder leicht geöffnet, oftmals schnüffelt Lexi. Schau in den nächsten Tagen mal genau hin, wie das für deinen Hund typische Erkundungsverhalten aussieht.

Gerade bei Junghunden und unerfahrenen oder ängstlichen Hunden sieht man neben der gerade beschriebenen entspannten Annäherung an ein Objekt oft eine Annäherung, die angespannt wirkt. Der betreffende Hund befindet sich in dem Moment in einem kleinen Konflikt. Auf der einen Seite ist er neugierig und möchte sich das Objekt anschauen, auf der anderen Seite hat er aber auch Angst, dass das Ding gefährlich sein könnte. In solchen Fällen siehst du oft einen „langen Hals"; der Hund nähert sich also vorsichtig an und bleibt mit dem Körper möglichst weit weg. Falls du das bei deinem Hund beobachtest, ist es sinnvoll, dass du ihm Zeit gibst. Er sollte sich in Ruhe mit dem Objekt auseinandersetzen können. Wenn er sich dann doch nicht von allein hintraut, schau dir das Objekt gern selbst an, fass es an und zeige deinem Hund, dass es okay ist. Lobe ihn ruhig für jede Annäherung und sag ihm, wie toll er das macht. Durch Lob verstärkst du nicht die Angst – auch das ist ein Mythos, der in eurem Zusammenleben nichts zu suchen hat. Wichtig: Locke deinen Hund nicht mit Leckerli zu einem Objekt, das ihm unheimlich ist. Du könntest seinen inneren Konflikt damit verstärken, denn das Leckerli, das er haben möchte, befindet sich dort, wo er eigentlich nicht hinwill. Er wird nun womöglich schnell das Futter schnappen und sofort wieder auf Distanz gehen. Eigentlich wolltest du ihm zeigen, dass das Objekt

ERKUNDUNGSVERHALTEN

Vorsichtige Annäherung mit langem Hals und nach hinten/unten gerichteten Details:

harmlos ist und er sich in dessen Nähe sicher fühlen kann. Durch das Locken hast du aber leider das Gegenteil erreicht: Dein Hund fühlt sich gut und erleichtert, wenn er wieder Abstand zwischen sich und das Objekt gebracht hat.

Wenn dein Hund angeleint ist, kann er sich selbstverständlich nicht ganz so ungehindert mit seiner Umwelt beschäftigen, wie er das möchte. Hast du die Leinenführigkeit gut geübt, ist es überhaupt kein Problem, dass ihr auch mal „Strecke macht" und dein Hund nicht an jedem Grashalm schnüffelt. Bedenke aber, dass dein Hund dieses Bedürfnis irgendwann am Tag ausleben muss. Das gibt ihm Sicherheit in der Umwelt, wirkt Stress entgegen und macht ihn letztendlich zufrieden. Es ist deine Aufgabe, ihm die Gelegenheit dazu zu geben.

Es gibt Hunde, die aus verschiedenen Gründen kein oder kaum noch Erkundungsverhalten zeigen. Falls das auf deinen Hund zutrifft, mach dir bewusst, dass dies seine Lebensqualität erheblich einschränkt. Du solltest mit einem Trainer zusammenarbeiten, um Abhilfe zu schaffen.

Der Stoffhund ist interessant, aber zugleich ein bisschen unheimlich.

Beschwichtigungssignale

Wenn Hunde aufeinandertreffen, sind oft sogenannte Beschwichtigungssignale zu beobachten. Diese sollen das Gegenüber „beruhigen", indem sie ausdrücken, dass die Annäherung freundlich gemeint ist oder zeigen, dass eine Drohung angekommen ist und respektiert wird.

Sehen wir uns nun am Beispiel von Lexi verschiedene körpersprachliche Details an, die als Beschwichtigungssignale dienen können: Der Kopf und der Blick werden vom Gegenüber abgewendet, dabei ist der Fang locker geschlossen und oftmals kannst du ein Züngeln beobachten. Die Ohren sind nach hinten gerichtet und der Körper ist leicht abgewandt – also nicht frontal auf den anderen ausgerichtet. Eine mögliche Annäherung findet in einem Bogen beziehungsweise seitlich statt und zur indirekten Kontaktaufnahme wird gegebenenfalls Urin abgesetzt.

Die Rute ist in entspannter Normalhaltung. Bei der Annäherung oder im Direktkontakt ist häufig eine angehobene Vorderpfote zu beobachten. Generell lässt sich sagen, dass viele der körpersprachlichen Details vom Gegenüber weggerichtet oder auf eine verlangsamte Annäherung ausgelegt sind, zum Beispiel das Bogenlaufen.

Auch hier musst du wieder individuell herausfinden, wie dein Hund beim Beschwichtigen aussieht. Bei der Lektüre dieses Buches wirst du außerdem feststellen, dass zahlreiche körpersprachliche Details in unterschiedlichen Kontexten gezeigt werden. Beschwichtigungssignale ähneln denen, die Angst oder Meideverhalten ausdrücken, und sie können auch eine Vorstufe zu aktiver und passiver Demut sein. Nur wenn du die gesamte Situation betrachtest, wird es dir gelingen, die richtigen Schlüsse zu ziehen.

Hier folgen zwei Beispiele für Situationen, in denen Hunde Beschwichtigungssignale zeigen:

Kürzlich war ich mit meinem Hund Knicka im Park unterwegs und habe beobachtet, wie er eine nette Pudeldame kennengelernt hat. Er bemühte sich, auf sehr höfliche Weise zu ihr zu gelangen. Dabei zeigte er fast alle Beschwichtigungssignale, die du auf dem Körpersprachie mit Lexi siehst. Daher fühlte sich die Pudeldame sofort wohl, die beiden erlebten eine nette Begegnung und wir gingen sogar noch eine Weile zusammen durch den Park.

BESCHWICHTIGUNGSSIGNALE

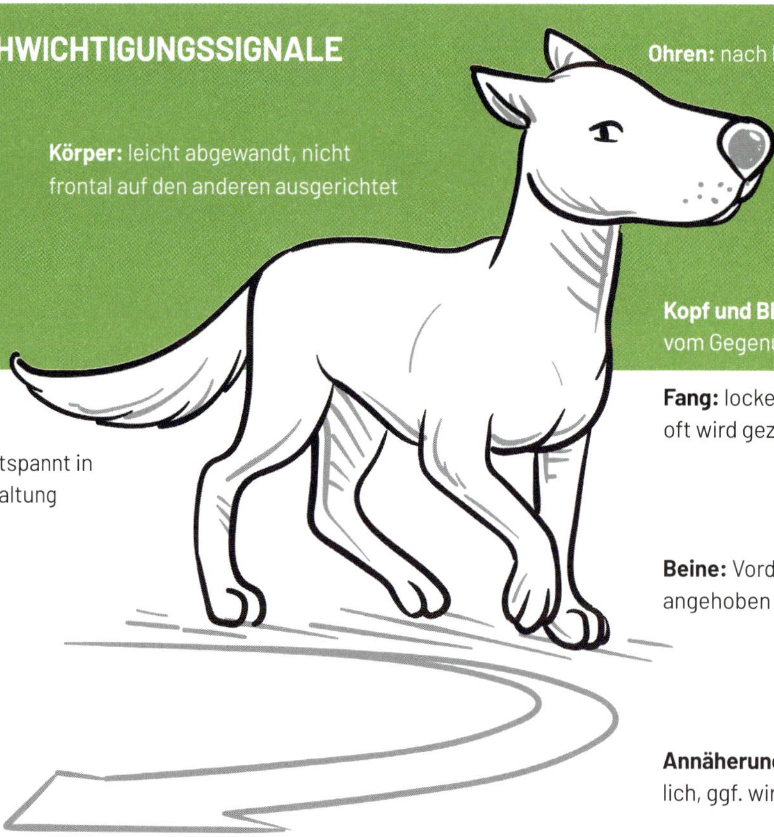

Ohren: nach hinten

Körper: leicht abgewandt, nicht frontal auf den anderen ausgerichtet

Kopf und Blick: abgewandt vom Gegenüber

Fang: locker geschlossen, oft wird gezüngelt

Rute: entspannt in Normalhaltung

Beine: Vorderpfote angehoben

Annäherung: im Bogen, seitlich, ggf. wird Urin abgesetzt

Die körpersprachlichen Details des linken Hundes weisen vom Gegenüber weg. Es könnte sich um Meideverhalten oder um Beschwichtigungssignale handeln.

Auch wenn ein Hund sich bedroht fühlt, nutzt er möglicherweise Beschwichtigungssignale. Stell dir vor, dir und deinem Hund kommt auf einem schmalen Weg ein großer Mann mit Stock und Hut entgegen. Reagiert dein Hund nun beschwichtigend, liegt das daran, dass er den Mann gruselig findet und hofft, durch sein Verhalten zu verhindern, dass die Bedrohung näher kommt.

Wie du siehst, haben wir zwei vollkommen unterschiedliche Situationen, in denen die gleichen körpersprachlichen Details gezeigt werden. Das liegt daran, dass der Hund im Grund jeweils das Gleiche zum Ausdruck bringen möchte: Er will dem anderen signalisieren, dass von ihm selbst keine Gefahr ausgeht und er mit freundlichen Absichten unterwegs ist.

Bewegungseinschränkendes Aufreiten, von der Seite und von hinten. Der rechte Hund fühlt sich unwohl ...

Aufreiten

Als Hundebesitzer wirst du immer mal wieder ein Aufreiten – umgangssprachlich auch Rammeln genannt – beobachten können. Hunde reiten in verschiedensten Situationen auf. Wie so oft gibt es diverse Gründe für dieses Verhalten, und es gibt auch unterschiedliche Arten des Aufreitens: seitlich oder von hinten, mal mit deutlichen Hüftbewegungen und mal mit minimalen, nur angedeuteten. Das Aufreiten kann bei Hunden, Menschen, anderen Tieren oder Gegenständen wie Kissen, Stofftieren und so weiter gezeigt werden. Hündinnen reiten ebenso auf wie Rüden. Ob die Geschlechtsreife schon erreicht ist und ob der Hund kastriert ist oder nicht, spielt dabei keine Rolle. Allein diese Erkenntnisse lassen schon darauf schließen, dass sexuelle Motivation zwar ein Grund, aber längst nicht der einzig mögliche Grund für das Aufreiten ist.

Schauen wir uns die verschiedenen möglichen Gründe an: Zunächst einmal dient das

... zurückgezogenen Ohren, gehobene Vorderpfote und geschlossener Fang.

Aufreiten selbstverständlich der Fortpflanzung. Ein unkastrierter Rüde hat von Natur aus erhebliches Interesse daran, seine Gene weiterzuvererben. Begegnet er einer aktuell paarungsbereiten Hündin, wird diese das Aufreiten des Rüden höchstwahrscheinlich dulden. Andernfalls wird sie ihn eher abweisen. Bei kastrierten Rüden lässt sich sexuell motiviertes Aufreiten gelegentlich ebenfalls beobachten.

Ein weiterer Grund für das Aufreiten kann Überforderung mit einer Situation sein. In diesem Fall handelt es sich um ein sogenanntes Übersprungverhalten, das nicht zum eigentlichen Kontext passt (siehe folgender Abschnitt zu diesem Thema). Mein Hund Knicka zeigt das, wenn ich mich mit meinem Partner kabble. Er läuft dann zu einem von uns hin und reitet auf.

Das Aufreiten wird bereits im Welpenalter gezeigt, zunächst meistens unter Wurfgeschwistern, aber auch in den ersten Wochen im neuen Zuhause – zum Beispiel beim Besuch der Welpenschule. Häufig handelt es sich um spielerisches Erlernen dieses Verhaltens. Darüber hinaus kann es bereits ein Hinweis auf Überforderung sein. Stellst du bei deinem Welpen fest, dass er häufig aufreitet, schau genauer hin und versuche, die Ursache dafür herauszufinden.

Aufreiten kann auch der Bewegungseinschränkung dienen. Man sieht es häufig, wenn einander unbekannte Rüden aufeinandertreffen. Sie beschnüffeln sich zunächst und drehen sich dabei eine Runde im Kreis. Die Anspannung steigt, die Bewegungen werden langsamer und letztendlich bleiben die Hunde in der Regel stehen. Dann schiebt einer den Kopf über den Rücken/Nacken des anderen und es folgt ein Aufreiten – mit mehr oder weniger Bewegung. Um dies zu unterbrechen, sollte man den aufreitenden Hund abrufen und nicht den, der unten steht – Letzteres könnte die Situation zum Eskalieren bringen, weil der aufreitende Hund dem unteren gerade sagt: „Stopp! Stehen bleiben! Rühr dich nicht vom Fleck!" Falls dein Hund bei Hundebegegnungen häufig aufreitet, solltest du herausfinden, woran das liegt, und basierend darauf im nächsten Schritt versuchen zu erreichen, dass dein Hund es weniger zeigt. Unter Rüden kann es sich um Konkurrenzverhalten handeln, möglicherweise aber steckt auch die bereits erwähnte Überforderung dahinter. Vielleicht ist dein Hund unsicher und möchte den anderen in seinen Bewegungen einschränken, um sich selbst wieder sicherer zu fühlen. Eventuell ist es für deinen Hund besser, wenn er weniger direkte Kontakte mit anderen Hunden hat und mit etwas mehr Abstand entspannter durchs Leben gehen kann.

Aufreiten kann generell dem Stressabbau dienen. War der Alltag oder eine bestimmte Situation sehr aufregend und anstrengend, fahren sich manche Hunde auf diese Weise wieder runter. Sofern sie dies an einem unproblematischen Lieblingsgegenstand tun und es nicht überhandnimmt, spricht aus meiner Sicht nichts dagegen. Wenn du das aus irgendeinem Grund nicht möchtest, kannst du versuchen, deinem Hund eine Alternative anzubieten. Etwas zum Ausschlecken, ein Futtersuchspiel oder etwas zum „Schreddern" (beispielsweise ein Karton mit Papier, in dem Leckerchen versteckt sind) werden häufig gern angenommen.

Wenn mein Hund Knicka bei einem anderen Hund aufreitet, nutze ich normalerweise ein gut aufgebautes Umorientierungssignal. So erhalte ich seine Aufmerksamkeit und kann ihn meistens abrufen. Für den Notfall gibt es ein Signal, mit dem ich ihm ankündige, dass ich ihn am Geschirr greife und vom anderen Hund herunterpflücke – was ich dann auch tue, weil ich weiß, dass der unten stehende Hund sich in einer für ihn unangenehmen Stresssituation befindet. Im Nachgang überlege ich, warum es passiert ist und was sich ändern/verbessern ließe. Wenn Knicka aus Überforderung aufreitet, habe ich in der bereits beschriebenen Situation mit meinem Partner eine einfache Möglichkeit: Wir kabbeln uns in Anwesenheit von Knicka nicht. Ansonsten versuche ich die Ursache der Überforderung herauszufinden und mit dem Hund kleinschrittig zu üben, dass er mit der Situation in Zukunft besser zurechtkommt und sich weniger aufregen muss.

Vorsicht, Mythos!

Nach wie vor hört man oft, dass Hunde bei Menschen aufreiten, um diese zu „dominieren", ihnen also ihre Überlegenheit zu demonstrieren. Die sogenannte „Dominanztheorie", auf der diese Aussage basiert, ist inzwischen jedoch längst widerlegt. Überforderung oder Stressabbau sind viel wahrscheinlichere Gründe.

Übersprungverhalten

Kennst du das? Du bist mit deinem Hund unterwegs und bietest ihm eine Futtersuche an. Dafür streust du etwas Futter auf eine kleine Rasenfläche. Nun willst du ihn zum Suchen schicken, aber er setzt sich stattdessen hin und kratzt sich hinter dem Ohr. Das kann ein Übersprungverhalten sein. Es handelt sich dabei um ein Verhalten, das in einer Konfliktsituation gezeigt wird. In diesem Fall möchte dein Hund vielleicht das Futter suchen, er fühlt sich an diesem Ort aber nicht wohl und würde lieber weggehen. Weil er beziehungsweise sein Gehirn sich nicht zwischen diesen beiden gegensätzli-

Lippenlecken wird häufig als Übersprungverhalten gezeigt, aber auch in Erwartung von Futter.

chen Bedürfnissen entscheiden kann, zeigt er ein drittes Verhalten, das nicht zur Situation passt. Durch dieses Übersprungverhalten entlädt sich die Anspannung, die aufgrund des inneren Konflikts gestiegen ist. So kann sich der Hund ein bisschen beruhigen und die Konfliktsituation überstehen.

Häufig werden Verhaltensweisen aus dem sogenannten Komfortverhalten (Körperpflegeverhalten oder auch Wohlfühlverhalten) gezeigt, beispielsweise Kratzen, Benagen von Körperteilen, Sich-Schütteln, Lippenlecken oder Gähnen. Auch Spielverhalten oder Schnüffeln am Boden ist möglich, ebenso wie das im vorigen Abschnitt beschriebene Aufreiten. Wie ich schon erwähnt habe, zeigt Knicka es, wenn ich mich mit meinem Partner kabble. Zunächst war es ein klassisches Übersprungverhalten in dieser für ihn unangenehmen Situation. Mittlerweile hat er das Aufreiten als Strategie für sich entdeckt, weil wir dann sofort aufhören und erst mal schauen, dass Knicka sich wieder beruhigt. Damit ist es nun kein Übersprungverhalten mehr, sondern ein erlerntes Verhalten, das einen Zweck erfüllt: Es beendet unseren für Knicka belastenden Disput.

Ich habe noch ein weiteres Beispiel mit Knicka für dich: Der kleine Kerl hat immer mal wieder Magenprobleme und gelegentlich Sodbrennen. Stelle ich ihm in diesen Phasen Futter hin, schnüffelt er wie wild im Umkreis von etwa 2 Quadratmetern um das Futter herum am Boden. Manchmal so intensiv, dass er dabei nicht ansprechbar ist. Ich erkläre mir das auch als Übersprungverhalten. Er zeigt es sowohl im Haus als auch draußen, und es gibt in Futternähe mit Sicherheit nicht jedes Mal etwas Interessantes zu entdecken. Das Schnüffeln resultiert wahrscheinlich aus dem Konflikt, dass Knicka zum einen gern fressen würde, zum anderen aber Schmerzen im durch das Sodbrennen gereizten Hals oder Erbrechen befürchtet.

Dir ist nun bestimmt klar, dass es viele Varianten von Übersprungverhalten in vollkommen unterschiedlichen Situationen gibt. Wieder einmal musst du genau hinschauen und du solltest dich nicht zu schnell festlegen. Es kann durchaus sein, dass das, was man auf den ersten Blick als Übersprungverhalten abstempeln würde, doch einen ganz anderen Grund hat.

Solltest du bei deinem Hund Übersprungverhalten beobachten, ist das zunächst kein Grund zur Sorge. Es gehört zum normalen Verhaltensrepertoire. Du erkennst daran, dass dein Hund mit einer Situation überfordert ist, und kannst ihn gegebenenfalls unterstützen. Falls in einer bestimmten Situation wiederholt Übersprungverhalten auftritt, kann es allerdings ein Hinweis auf ein bisher unerkanntes Problem sein, so wie Knickas Schnüffeln beim Füttern.

Angehobene Vorderpfote

Die mehr oder weniger deutlich angehobene und in der Luft verharrende Vorderpfote lässt sich bei Hunden in den verschiedensten Situationen beobachten. Eine ebenfalls häufig zu beobachtende Variante ist, dass der Hund die Pfote in Richtung eines Menschen oder auch in Richtung eines Artgenossen hebt, dabei ein bisschen „winkt“ und sein Gegenüber eventuell sogar mit einem sanften Anstupsen berührt.

Du denkst es dir sicher schon: Hinter diesem Verhalten stecken unterschiedliche

Motivationen und es kann unterschiedliche Bedeutungen haben. Die Gesamtsituation und die restliche Körpersprache helfen, die richtigen Schlüsse zu ziehen. Gehen wir die verschiedenen Möglichkeiten durch:

Das gerade beschriebene Pföteln in Richtung eines fremden Hundes ist meistens beschwichtigend gemeint. Es entstammt dem Demutsverhalten und wird in abgeschwächter Form bei passiver Demut gezeigt. Der Hund kann dabei sitzen oder stehen. Unter Hundekumpeln wird das Pföteln hingegen zum Starten einer Interaktion genutzt. Zeigen Hunde es uns Menschen gegenüber, pföteln also zum Beispiel in Richtung des Arms oder tippen uns mit der Pfote an, dient es in der Regel ebenfalls der freundlichen Interaktion. Es kann eine Spielaufforderung sein, aber auch den Wunsch nach Aufmerksamkeit, Streicheln oder ein anderes Bedürfnis ausdrücken. Manchmal ist es nur eine nette Art, Kontakt mit dir zu halten. Sicher findest du durch deine Beobachtungen bald heraus, was dein Hund dir damit sagen möchte – eine „Dominanzgeste" ist es jedenfalls mit sehr hoher Wahrscheinlichkeit nicht.

Die angehobene und in der Luft verharrende Vorderpfote lässt sich darüber hinaus

Der Pudel nimmt sich zurück, die gehobene Pfote resultiert aus der gehemmten Vorwärtsbewegung. Er würde wohl gern an die Beute des kleinen Hundes gelangen.

Weitergehen oder nicht? Irgendetwas hat den Hund hier dazu gebracht, sich umzuschauen und kurz innezuhalten.

bei Hundebegegnungen beobachten, meistens auf größere Distanz. Es handelt sich in diesem Fall um eine gehemmte Vorwärtsbewegung. Dieses kurze Stoppen bei der Annäherung wird zusammen mit weiteren Beschwichtigungssignalen gezeigt. Es kann das Interesse an einer freundlichen Kontaktaufnahme ausdrücken und dient selbstverständlich auch dazu, die Situation und das Gegenüber einzuschätzen.

Bei allem, was bisher beschrieben wurde, ist das Pfoteheben freundlich oder beschwichtigend gemeint. Wir sehen die angehobene Vorderpfote zudem in einem ganz anderen Zusammenhang: Sie ist Teil des Jagdverhaltes. Bei vielen Jagdhundrassen wurde dieses „Vorstehen" durch Zucht bewusst verstärkt. Hunde, die keiner dieser Rassen angehören, zeigen es aber auch. Ob das Pfoteheben jagdlich motiviert ist, erkennst du an der restlichen Körpersprache. Normalerweise siehst du einen angespannten Hund in Lauerstellung – Kopf und Rute befinden sich dabei meist auf Höhe der Rückenlinie, der Hund richtet sich pfeilartig auf die Beute aus. Er hält sie direkt im Blick und pirscht sich langsam heran, wobei er immer wieder mit angehobener Pfote verharrt. Auch hier können wir also wieder von einer gehemmten Vorwärtsbewegung sprechen. In diesem Fall dient das Verharren nicht zur Beschwichtigung, sondern dazu, die Beute nicht aufzuschrecken. Beobachtest du dieses aus dem Jagdverhalten stammende angespannte Vorstehen bei Hundebegegnungen, kannst du sicher sein, dass es ebenfalls nicht freundlich gemeint ist. Es dient dazu, das Gegenüber auf Abstand zu halten beziehungsweise zu vertreiben (siehe hierzu auch den Abschnitt über das Lauern auf Seite 74 im Buch). Ein derart lauernder Hund sollte, wenn möglich, abgerufen werden und nicht in Kontakt mit dem Gegenüber kommen. Sollte der andere Hund deutlich kleiner sein, ist es sogar möglich, dass der lauernde Hund in echtes Jagdverhalten fällt. Das ist gefährlich.

Jagdverhalten

Ein mögliches Element des Jagdverhaltens haben wir uns gerade angesehen. Kommen wir nun zu diesem Verhalten an sich. Interessant zu beobachten ist, dass die „Vorlieben" je nach Hund sehr unterschiedlich sein können. So kann der eine Hund gefühlt stundenlang wie eben beschrieben mit angehobener Vorderpfote verharren und auf das Wild starren, während der andere sofort loshetzt und die Verfolgung aufnimmt. Die Vorfahren unserer Hunde jagten, um Nahrung zu erbeuten und nicht zu verhungern. Dementsprechend wichtig war es für sie. Das Jagdverhalten setzt sich aus mehreren Bestandteilen zusammen und umfasste ursprünglich alle folgenden Sequenzen: Orientieren – Fokussieren – Beschleichen – Hetzen – Packen – Töten – Zerlegen – Fressen. Das Erregungslevel des jagenden Hundes steigt während des Durchlaufens dieser Sequenzen aufgrund von Hormonausschüttungen stetig an. Der Höhepunkt der Erregung wird beim Packen

Fokussierter Blick und angehobene Vorderpfote: Dieses Vorstehen gehört zum Jagdverhalten.

Dieser Hund hat Wild wahrgenommen. Die Anspannung ist deutlich sichtbar.

und Töten erreicht. Beim Zerlegen und Fressen nimmt die Erregung mit der Zeit wieder ab. Andere Hormone werden ausgeschüttet, um nach und nach den Normalzustand wiederherzustellen.

Durch Zucht haben wir Menschen spezifische Eigenschaften herausgearbeitet, sodass im Lauf der Zeit wahre Experten für bestimmte Aufgaben entstanden sind, die uns bei der Jagd begleiten und unterstützen. So entstanden die zu Anfang beschriebenen Unterschiede, die wir bei unseren heutigen Hunden wahrnehmen.

Schauen wir uns nun die einzelnen Sequenzen genauer an. Ich habe sie hier alle der Reihe nach aufgeführt, so wie ein ursprünglicher Hund sie durchlaufen würde. Denk daran, dass das bei deinem Hund anders sein kann. Je nach seinen Anlagen lässt er die eine oder andere Sequenz möglicherweise komplett aus, durchläuft sie sehr schnell oder zeigt sie nur ansatzweise.

Orientieren

Bei dieser ersten Sequenz des Jagdverhaltens nimmt der Hund das Wild, also die Beute, wahr. Bereits hier gibt es von der Selektion durch Zucht abhängige Unterschiede. Die einen Hunde erspähen das Wild eher mit den Augen, andere wiederum, die typischen „Nasenhunde", verlassen sich beim Aufstöbern von Wild vor allem auf ihren Geruchssinn. Auch das Gehör spielt eine Rolle, denn Wild macht Geräusche, die der Hund kennt und auf die er entsprechend reagiert. Diese erste Reaktion auf vorhandenes Wild erkennst du daran, dass beim Hund Anspannung entsteht – die Körperspannung steigt, manche Hunde verharren kurz. Einige geben bereits jetzt einen sogenannten Spurlaut von sich; meistens ist das ein heulender Bellton, der je nach Erregung mehr oder weniger hoch sein kann.

Welches Wild ein Hund interessant und jagenswert findet, ist übrigens individuell verschieden. Manche Hunde reagieren auf fast alles, andere scheinen bestimmte Vorlieben zu haben. Mein Knicka reagiert zum Beispiel nur auf Eichhörnchen. Wir sind mal in der Dämmerung einem Reh begegnet. Da hat er sich hinter mir versteckt, weil er das Reh bedrohlich fand.

Fokussieren

In der nächsten Sequenz fokussiert sich der Hund auf das Wild. Du siehst meistens, dass er sich mit seiner Körperachse frontal zum Wild ausrichtet beziehungsweise dorthin, wo er das Wild erwartet. Jetzt kannst du häufig die bereits beschriebene Vorstehhaltung beobachten. Alle körpersprachlichen Details und auch der Blick sind nun zum Wild hin gerichtet. Die Ohren sind vorn, die Rute ist angehoben.

Beschleichen

Nach der Ortung des Wildes nähert sich der Hund nun mit fixierendem Blick langsam an. Dabei bleibt die Körperspannung hoch. Sofern er das noch nicht beim Fokussieren getan hat, senkt der Hund seinen Kopf nun auf Höhe der Rückenlinie ab und lauert. Die restliche Körpersprache verändert sich kaum, sie bleibt nach wie vor nach vorn/oben ausgerichtet. Das Tempo ist in der Regel langsam, um das Wild nicht aufzuscheuchen. Viele Hunde verharren zwischendurch mit erhobener Vorderpfote.

Hetzen

Das Hetzen wird in der Regel dadurch ausgelöst, dass das Wild sich vom Hund entfernt – es hat ihn wahrgenommen und flüchtet, der Hund setzt ihm nach. Meistens siehst du eine schnelle, fokussierte Annäherung mit flachen und zielgerichteten Sprüngen. Manche Hunde bellen dabei. Sie wurden vom Menschen darauf selektiert, damit dieser hört, wo sie und das Wild sich gerade befinden.

Packen und Töten

Erreicht der Hund die Beute, packt er sie und beißt zu. Damit ist das Hetzen automatisch beendet. Je nach Größe der Beute kannst du nun ein Umhertragen und/oder Schütteln der Beute beobachten. Kopf und Rute sind dabei angehoben, der Kopf wird oft in den Nacken geworfen und es wirkt fast so, als würde die Beute als Trophäe präsentiert. In der Regel wird während dieser Sequenz die Beute getötet.

Tipp

Wenn dein Hund jagdlich sehr motiviert ist, solltest du dir sein Verhalten in den ersten beiden Jagdsequenzen besonders gut einprägen. Wenn du bereits das Orientieren, spätestens aber das Fokussieren erkennst, kannst du frühzeitig eingreifen und hast entsprechend gute Chancen, deinen Hund umzulenken, solange die Erregung noch nicht allzu hoch ist.

Mit gezielten Sprüngen stellt der Hund seiner Beute nach. Das kann auch ein Spielzeug sein.

Zerlegen und Fressen

Ist die Beute zu groß, um mit einem Happs gefressen zu werden, zerlegt der Hund sie. Hierfür legt er meistens eine Pfote auf die Beute, rupft dann mit dem Fang Stücke ab und frisst diese. Dabei lässt die Anspannung langsam nach. Viele Hunde legen die Rute in dieser Sequenz fest an die Analregion, weil sie konzentriert sind.

Wenn dein Hund mit einem Spielzeug – also einer Ersatzbeute – spielt, kannst du Teile des eben beschriebenen Jagdverhaltens beobachten. Das, was dein Hund bei der Interaktion mit dem Spielzeug zeigt, kann dir Aufschluss darüber geben, welche Sequenzen bei ihm besonders ausgeprägt sind. Leicht zu erkennen ist beispielsweise die Sequenz des Packens und Tötens: Das Spielzeug wird „stolz" umhergetragen und geschüttelt.

Wichtig: Falls du Jagdersatzspiele mit deinem Hund machst, sollten diese unbedingt mit einem Cooldown enden, also mit der Sequenz „Fressen", damit das Erregungsniveau wieder sinkt. Wenn du das nicht beachtest, entsteht beim Hund eine Verknüpfung mit einem gewissen Erregungsniveau, das sich durch weitere ähnliche Situationen steigert. Im ursprünglichen Hundeleben war das sinnvoll. Das Jagen diente dem Nahrungserwerb und somit dem Überleben. Macht man einmal keine Beute, muss man beim nächsten Mal besser sein, um nicht irgendwann zu verhungern. Die Anspannung steigt daher zunehmend, weil der Erfolgsdruck immer höher wird. Das können wir im alltäglichen Zusammenleben mit unseren Hunden nicht gebrauchen. Mache daher die Futterbelohnung zum festen Ritual nach euren Jagdersatzspielen und sei dabei großzügig.

Gut zu wissen: Die Wahrnehmung unserer Hunde

Wenn dir klar ist, wie dein Hund die Welt wahrnimmt - nämlich ganz anders als wir Menschen -, wird es dir noch besser gelingen, ihn zu verstehen. Deshalb möchte ich dir hier einen kurzen Überblick dazu geben. Selbstverständlich gilt wieder, dass es rassespezifische und auch individuelle Unterschiede gibt.

Sehen: Das Farbsehen der Hunde unterscheidet sich deutlich von unserem. Blau- und Gelbtöne werden gut erkannt, sehr wahrscheinlich sind die Kontraste aber deutlich schwächer, als wir sie mit unseren Augen wahrnehmen würden. Andere Farben sehen Hunde eher schlecht. Vielleicht ist dir schon einmal aufgefallen, dass dein Hund einen quietschroten Ball auf einer Wiese nicht erkennt. Das liegt daran, dass sich die Farben für ihn kaum unterscheiden. Vermutlich sieht er beide als Grautöne.

Was dein Hund hingegen gut wahrnehmen kann, ist der Unterschied zwischen Schwarz und Weiß - also hell und dunkel. Auch in der Dämmerung können Hunde erheblich besser sehen als wir. Insbesondere, wenn sich etwas bewegt, sind sie uns haushoch überlegen. Eine Maus, die im Halbdunkeln über die Wiese huscht, entgeht einem Hund so gut wie nie. Dafür gibt es zwei Gründe: Zum einen verfügen Hundeaugen über einen sogenannten Restlichtverstärker, und zum anderen funktionieren sie schneller als unsere. Während wir etwa 50 Bilder pro Sekunde wahrnehmen können, schaffen Hunde bis zu 80 Bilder. All das ist sinnvoll für ein Tier, dem die Jagd ursprünglich das Überleben sicherte. Wildtiere als mögliche Beute sind in der Dämmerung besonders aktiv und bewegen sich auf der Flucht sehr schnell. In unserer heutigen Welt hat diese Art zu sehen allerdings nicht nur Vorteile, denn Hunde leben in unserem menschlichen Umfeld. Hier gibt es beispielsweise Neonröhren ohne Vorschaltgerät, deren Licht wir zwar als durchgängig wahrnehmen, für Hunde flackert es jedoch permanent. Das Gleiche gilt für alte Röhrenfernseher, die inzwischen aber nur noch sehr selten anzutreffen sein werden. Generell lässt sich sagen: Bei 50 Hertz können wir Menschen ein konstantes Bild sehen, für unsere Hunde flackert es jedoch.

Hunde verfügen außerdem über ein größeres Blickfeld als wir Menschen. Ihre Augen sind anders angeordnet, sodass ihr Blickwinkel bis zu 250 Grad betragen kann. Bei uns sind es nur 180 Grad. Allerdings kreuzen sich die Blickfelder unseres rechten und linken Auges stärker, wodurch wir besser räumlich sehen können als Hunde. Das erlaubt es uns, Entfernungen genauer abzuschätzen. Vielleicht ist dir schon mal aufgefallen, dass dein Hund ohne dein Eingreifen extrem nah an einem fahrenden Auto vorbeigehen würde. Da muss man echt aufpassen.

Hunde sehen weniger scharf als Menschen. Wir können Dinge auf bis zu 20 Meter scharf erkennen, bei Hunden sind 6 Meter schon viel. Auch alles, was sich in einer Entfernung von unter einem halben Meter vor ihnen befindet, wird nicht scharf wahrgenommen. Zudem können wir Menschen Fehlsichtigkeit leicht durch eine Brille ausgleichen. Auch Hunde können kurz- oder weitsichtig sein, müssen das jedoch durch ihre anderen Sinnesorgane kompensieren. Das gelingt ihnen sehr gut, aber eine gewisse Beeinträchtigung stellt es trotzdem dar.

Zuletzt möchte ich noch erwähnen, dass unsere Hunde die Welt aus einer anderen Perspektive betrachten. Sie sind kleiner als

Das rote Laub auf dem Bild sieht für deinen Hund eher grau aus.

wir und befinden sich damit näher am Boden. Geh ruhig öfter mal selbst in die Hocke und mach dir bewusst, wie anders die Welt von unten aussieht.

Hören: Hunde nehmen mit ihren Ohren viel höhere Frequenzen wahr als wir Menschen. Bei uns sind es bis zu 20.000 Hertz, bei Hunden bis zu 50.000 Hertz. Das liegt an einer speziellen Membran, die sich im Hundeohr befindet. Sie ermöglicht es Hunden, auch über sehr große Distanzen zum Beispiel das Piepsen einer Maus oder eines anderen Nagetiers unter der Erde zu hören. Auch diese Fähigkeit erhöhte ursprünglich die Chancen auf einen Jagderfolg. Hunde können sogar Ultraschall wahrnehmen, also das, was Fledermäuse zur Orientierung nutzen. Ab einer gewissen Lautstärke wird Ultraschall für Hunde allerdings sehr unangenehm. Deshalb sind im Handel erhältliche „Hundeerziehungshilfen", die mit Ultraschall arbeiten, längst nicht so harmlos, wie sie uns erscheinen mögen. Die für uns nicht hörbaren Geräusche können bei einem Hund Angst und Stress auslösen.

Genau wie wir Menschen können unsere Hunde für sie unbedeutende Geräusche ausblenden und beispielsweise entspannt schlafen, während du staubsaugst. Andererseits können leise, aber bedeutende Geräusche wie das Öffnen der Kühlschranktür deinen Hund aus dem Tiefschlaf reißen.

Zwar hört man es häufig, aber es ist ein Irrglaube, dass Hunde Geräusche achtmal lauter hören als wir Menschen. Dafür gibt es

Hunde haben ein feineres Gehör als wir Menschen.

keinerlei Hinweise – es wäre ja auch schrecklich, wenn Hunde in einer für sie extrem lauten Welt leben müssten.

Vorteilhaft ist, dass Hunde ihre Ohren unabhängig voneinander wie Radarschüsseln in verschiedene Richtungen bewegen und auf diese Weise die Geräusche in ihrer Umwelt hervorragend erfassen und auch orten können. Möglich machen das ganze 17 Muskeln. Vielleicht ist dir schon mal aufgefallen, dass dein Hund beim Spazierengehen ein Ohr in deine Richtung dreht. So hört er, ob du noch in seiner Nähe bist, und er bemerkt auch sofort, wenn du ein Leckerchen oder etwas anderes für ihn Interessantes aus deiner Tasche holst. Das andere Ohr nutzt er, um die restliche Umwelt wahrzunehmen und nichts Spannendes zu verpassen.

Nicht zuletzt sind Hunde in der Lage, Geräusche zu unterscheiden, die für uns Menschen extrem ähnlich oder gleich klingen. Deshalb erkennen sie beispielsweise am Geräusch herannahender Schritte oder am Motorengeräusch eines Autos, ob sich gerade ein bekannter oder ein fremder Mensch nähert. Sicher nutzen Hunde hierfür auch weitere Sinnesorgane wie ihre Nase.

Riechen: Du wirst es bereits wissen: Auch der Geruchssinn von Hunden ist um ein Vielfaches besser als unserer. Deswegen werden sie häufig für Spezialaufgaben eingesetzt und erschnüffeln beispielsweise Drogen, Sprengstoff oder sogar Krebszellen. Außerdem helfen sie, vermisste Personen oder Tiere zu finden. Das gelingt ihnen unter anderem des-

Ihre leistungsstarke Nase eröffnet Hunden eine Geruchswelt, die wir Menschen uns nur schwer vorstellen können.

halb, weil sie „räumlich riechen" können. Sie erkennen also, in welche Richtung der Mensch oder das Tier unterwegs war. Auch das diente ursprünglich der Jagd.

Wir Menschen verfügen über circa 5 Millionen Riechzellen, bei Hunden sind es bis zu 220 Millionen. Wenn Hunde etwas erschnüffeln, atmen sie bis zu 300-mal pro Minute. Man vermutet, dass Hunde Düfte nicht nur sehr gut erkennen können, sondern auch ein Bild von dem im Kopf haben, was sie am Ende der Spur erwartet, etwa so, wie wenn du frisch gebrühten Kaffee riechst und unmittelbar eine Tasse Kaffee vor Augen hast.

Sehr interessant ist auch das Jacobson-Organ, das unsere Hunde Gerüche quasi schmecken lässt. Ich hatte diese Besonderheit beim Markierverhalten schon erwähnt. Dieses Organ sitzt im Gaumen des Hundes und wird durch ausgiebiges Schnüffeln (oder Lecken) mit geöffnetem Maul aktiviert. Häufig „klappern" die Hunde dabei mit den Zähnen. Auf diese Weise werden Pheromone wahrgenommen; deshalb sieht man es oft bei Rüden, wenn sie den Geruch einer läufigen Hündin in der Nase haben.

Wenn du nun im Zusammenleben mit deinem Hund all diese Dinge auf dem Schirm hast, erklärt das sicher die eine oder andere Situation, in der du dich bisher gefragt hast: „Was hat er denn nur? Da ist doch gar nichts!" Vergiss nie: Nur, weil du nichts wahrnimmst, heißt das nicht, dass dein Hund ebenfalls nichts gehört, gesehen oder gerochen hat.

Auch Hunde sind „Feinschmecker" und freuen sich über Abwechslung auf dem Speiseplan.

Schmecken: Immer wieder hört man, dass Hunde keinen guten Geschmackssinn haben und deswegen auch keine Abwechslung im Napf oder bei ihren Leckerchen nötig sei. Mittlerweile weiß man jedoch, dass Hunde über die sogenannten Grundgeschmäcker verfügen. Sie schmecken ebenso wie wir Menschen süß, sauer, bitter und umami – ob sie auch salzig schmecken, ist noch nicht ganz klar. Da scheiden sich die Geister.

Hunde haben rund 1.700 Geschmacksrezeptoren. Wir Menschen verfügen über 9.000. Deswegen ist unser Geschmackssinn ausgeprägter. Geschmacks- und Geruchssinn hängen jedoch eng zusammen. Das hast du vermutlich selbst schon bei einer Erkältung festgestellt: Eine verstopfte Nase schränkt deinen Geschmack stark ein. Du kannst es auch ausprobieren, indem du dir eine Wäscheklammer auf die Nase steckst und etwas isst. Na, was schmeckst du jetzt noch?

Durch ihren besseren Geruchssinn gleichen unsere Hunde den schlechteren Geschmackssinn wieder aus und haben deswegen genauso viel Spaß an Abwechslung beim (Fr)essen, wie wir Menschen. Ich stelle meinem Knicka gelegentlich eine mit verschiedensten Kauartikeln gefüllte Kiste hin und er darf aussuchen, was er gerade am liebsten mag. Das wechselt übrigens und ist wie bei uns Menschen von der Tagesform und vom Appetit abhängig. Vielleicht bereitet deinem Hund so etwas ebenfalls Freude.

Körpersprache im Kontext

In den vorherigen Kapiteln haben wir uns der Körpersprache im Detail gewidmet. In diesem Kapitel beziehen wir die Gesamtsituation stärker mit ein und schauen uns die Körpersprache in verschiedenen Kontexten an, um zu sehen, welche Hinweise sie uns jeweils bietet. Nur wenn wir das ganze Bild betrachten, können wir eine möglichst genaue Schlussfolgerung ziehen.

Spiel unter Hunden

Einzelne körpersprachliche Signale für Spielverhalten hast du bereits kennengelernt. Darüber hinaus solltest du wissen, dass echtes Spiel nur stattfinden kann, wenn die beteiligten Hunde möglichst entspannt sind und Lust darauf haben. Es reicht nicht, wenn nur einer in Spiellaune ist. Treffen zwei unbekannte Hunde aufeinander, ist echtes Spiel daher eher unwahrscheinlich. Sollte die Chemie auf Anhieb stimmen, ist es aber möglich. Neben gegenseitiger Sympathie, Wohlbefinden und Spiellaune hängt das Zustandekommen von Spiel auch davon ab, ob die Hunde vom Spieltyp her zueinanderpassen. Manche

Hunde begeistern sich für Rennspiele/Jagdspiele, bei denen sie sich in hohem Tempo gegenseitig verfolgen, andere raufen gern körperbetont, und wieder andere lieben es, ein Objekt wie zum Beispiel eine Frisbeescheibe ins Spiel einzubeziehen und mit dem anderen Hund spielerisch um diese „Beute" zu rangeln.
Sicher kannst du dir leicht vorstellen, dass es Konstellationen gibt, die nicht zueinanderpassen, etwa wenn einer lieber laufen und der andere lieber raufen möchte. Auch starke körperliche Unterschiede bereiten Schwierigkeiten. Beispielsweise kann ein großer Hund einem wesentlich kleineren bei einem eigentlich freundlichen Raufspiel leicht wehtun.
Gute Kumpel werden sich aber immer ein bisschen an den jeweils anderen anpassen, damit Spiel stattfinden kann. So sind durchaus auch eher ungewöhnliche Konstellationen möglich.

Ein Lieblingsspiel dieser beiden ist das freundschaftliche Rangeln um ihr Spielzeug.

Vier Anzeichen für schönes Spiel:
Weiche, fließende Bewegungen …

… das „verrückte" Spielgesicht …

Typische Merkmale für Spiel

Schauen wir uns nun die Gesamtsituation „Spiel" im Detail an. Was zeigt dir, dass es sich tatsächlich um Spiel handelt? Natürlich ist die entsprechende Körpersprache von Bedeutung, und es gibt noch weitere Merkmale.

Weiche, fließende Bewegungen: Wie schon erwähnt, ist Entspannung eine Voraussetzung für Spiel. Spielende Hunde haben daher wenig Körperspannung, wodurch ihre Bewegungen weich und fließend wirken. Häufig sind auch eigentlich unnötige Bewegungen zu sehen, man spricht auch von „Bewegungsluxus". Mein Hund dreht sich in einem Spiel gern um die eigene Achse oder läuft einen großen Bogen um den anderen Hund herum. Andere Hunde hüpfen übermütig in kleinen Bögen umher oder werfen übertrieben ihren Kopf hin und her.

Spielgesicht: Durch die entspannte Muskulatur und die übertriebenen Bewegungen entgleisen dem Hund beim Spielen quasi die Gesichtszüge. Das sieht oft lustig aus, so als würde er eine Grimasse schneiden. Häufig sieht man auch ein bisschen Weiß im Auge.

Play Bow: Diese auf Seite 65 im Buch genauer beschriebene Variante der Vorderkörpertiefstellung wird eingesetzt, um ein Spiel zu starten, wird aber auch immer wieder zwischendurch gezeigt. Dann soll sie dem Gegenüber signalisieren, dass die Interaktion nach wie vor spielerisch gemeint ist. Der Play Bow kann auch eine (kurze) Spielpause einleiten.

... der Play Bow mit weit gespreizten Beinen und ...

... Rollentausch: Mal liegt der eine unten, mal der andere. Auch das Spielzeug wird getauscht.

Pausen: In einem echten Spiel gibt es immer Pausen. Beispielsweise zeigt ein Hund den Play Bow und der andere nimmt sich daraufhin zurück. Möglich ist auch, dass ein Hund einfach so kurz innehält und der andere darauf eingeht, also ebenfalls kurz Pause macht. Solche Pausen können sehr kurz sein. Dauert ein Spiel länger, werden im Verlauf auch die Pausen länger. Das liegt daran, dass Spielen körperlich anstrengend ist. Die Pausen dienen der kurzfristigen Erholung und auch dazu, die Erregung der Beteiligten ein bisschen herunterzufahren.

Rollenwechsel: Kennzeichen für ein schönes Spiel sind außerdem Rollenwechsel. Im Laufspiel ist also jeder Hund mal Jäger und mal Gejagter. Spielen die Hunde körperbetont, liegt mal der eine oben und dann wieder der andere. Auch wenn ein Spielzeug mit einbezogen wird, wirst du beobachten, dass die Hunde es abwechselnd „besitzen". Selbstverständlich kommt es hier auch auf die Vorlieben der Hunde an. Es muss nicht immer ganz ausgewogen sein.

Self-handicapping: Das bedeutet, dass sich der stärkere Spielpartner bewusst zurücknimmt, damit ein Spiel stattfinden kann. Mein Knicka macht das offensichtlich bei Laufspielen mit mir: Er läuft wesentlich langsamer, als er könnte, damit ich mithalten kann. Bei Spielen zwischen großen und kleinen Hunden sieht man oft, dass der größere sich hinlegt. Und auch Spiele mit anderen Tierarten, etwa mit Katzen, werden auf diese Weise möglich.

Doch kein Spiel (mehr)

Ebenso, wie es typische Spielanzeichen gibt, können wir auch Hinweise darauf erkennen, dass ein laufendes Spiel zu kippen droht oder ein Spiel gar keines (mehr) ist. Häufig liegt es daran, dass die Aufregung zu groß geworden ist, möglicherweise, weil das Spiel schon zu lange andauert oder weil einem, vielleicht sogar beiden Hund(en) schlicht die Kondition fehlt. Beobachtest du eines der im Folgenden aufgeführten Merkmale, solltest du genauer hinschauen und gegebenenfalls unterstützend eingreifen:

Pfote auflegen: Legt ein Hund eine oder sogar beide Pfoten auf den Rücken des anderen Hundes, kann dies bedeuten, dass er dessen Bewegung einschränken möchte. Er spielt ihm möglicherweise zu wild. Wenn diese Einschränkung beim anderen Hund nicht gut ankommt, steigt die Erregung, und es ist möglich, dass das Spiel kippt.

Kopf auflegen: Auch dieses Verhalten dient der Bewegungseinschränkung mit den gleichen möglichen Folgen. Der Hund hält hierbei

Drohgebärden können ein Anzeichen dafür sein, dass das Spiel kippt. Sie werden aber auch als Teil des Spiels gezeigt, dann wirken sie, wie hier, oft etwas übertrieben.

Wird der Körperkontakt intensiver und das Spiel wilder, steigt die Gefahr, dass es kippt.

seinen Kopf über den Nacken- oder Rückenbereich des anderen oder legt ihn sogar auf. Manchmal folgt ein seitliches Aufreiten.

Über den Nacken beißen: Dieses angedeutete Beißen, das mit oder ohne Körperkontakt erfolgen kann, lässt sich oft bei Rennspielen beobachten. Insbesondere Hütehunde versuchen oft, den anderen in den Po oder die Hinterläufe zu zwicken. Dieser (angedeutete) Körperkontakt bedeutet für den gejagten Hund meist eine Distanzunterschreitung, die dazu führt, dass er sich unwohl oder sogar bedroht fühlt. Letztendlich hat das Verhalten seinen Ursprung im Jagdverhalten/Hüteverhalten und dient dazu, den anderen in seiner Bewegung einzuschränken beziehungsweise die Bewegungen des anderen zu kontrollieren.

Hochkampfstellung bei Raufspielen: Hier stehen beide Hunde auf den Hinterbeinen voreinander und „ringen" mit den Vorderläufen. Die Stellung zeigt an, dass das Spiel gröber wird.

Wegschleppen oder abschirmen von Spielzeug: Ressourcen wie Spielzeug oder Futter bergen Konfliktpotenzial. Wenn Hunde mit einem Spielzeug spielen und du siehst, dass einer beginnt, das Spielzeug abzuschirmen oder wegzutragen, solltest du aktiv werden.

Fehlende Pausen: Pausen sind der wichtigste Bestandteil in einem Spiel. Falls du beobachtest, dass einer der Hunde die bereits beschriebenen Signale für eine Pause zeigt, der andere aber nicht darauf eingeht, solltest du eingreifen. Bei fehlenden Pausen wird das Erregungslevel schnell zu hoch.

Sehr viele Pausen in kurzen Abständen: Wenn das Spiel schon eine Weile dauert und die Pausen auffallend häufig werden, zeigt dir das, dass die Hunde eigentlich müde sind. Vielleicht schaffen sie es aber nicht, die Interaktion eigenständig zu beenden. Auch in diesem Fall sollten die Hunde dabei unterstützt werden, ihre restliche Erregung herunterzufahren.

Hör auf dein Bauchgefühl!

Vielleicht erscheint es dir gerade bei einem temporeichen Spiel schwierig, all die kleinen Details zu erkennen und richtig zu deuten. Dein Bauchgefühl wird dir helfen. Wenn ich Hunde bei einem echten, schönen Spiel beobachte, habe ich spontan Herzchen in den Augen und ein entzücktes Lächeln im Gesicht. Es fühlt sich richtig und gut an. Bei kritischen Interaktionen frage ich mich oftmals automatisch: „Ist das jetzt Spiel oder nicht?“, und meistens ist es dann kein Spiel oder es besteht zumindest die akute Gefahr, dass das Spiel kippt. Verlasse dich also ruhig auf dein Gespür.

Manche Hunde sind gern immer vorn. Bei insgesamt guter Stimmung ist das in Ordnung.

Zunehmende Beschleunigung des Spieltempos: Das erkennst du daran, dass die Bewegungen hektischer und angespannter werden. Alles wirkt weniger harmonisch. Es weist darauf hin, dass die Erregung zu groß wird.

Fehlender Rollenwechsel: Wenn ansonsten alles stimmt, müssen die zuvor beschriebenen Rollenwechsel nicht zwingend stattfinden. Lässt ein Hund sich beispielsweise sehr gern jagen, kann es durchaus sein, dass er immer vorn ist und es sich trotzdem um Spiel handelt. Beobachtest du jedoch, dass Rollenwechsel, die bisher stattgefunden haben, plötzlich fehlen, ist das ein Hinweis darauf, dass du genauer hinschauen und herausfinden solltest, ob beide Hunde noch Spaß an der Interaktion haben. Erkennst du körpersprachliche Anzeichen für Stress oder Angst, stimmt etwas nicht.

Mobbing: Insbesondere, wenn mehr als zwei Hunde miteinander spielen, ist die Wahrscheinlichkeit sehr hoch, dass es zu Unstimmigkeiten kommt. Nicht selten tun sich mehrere Hunde zusammen, um einen zu jagen. Das ist sicher kein Spiel mehr. Der gemobbte Hund braucht jetzt Schutz!

Für jegliches Eingreifen deinerseits gilt: Vermeide es, selbst laut zu werden oder gar unangenehme Reize hinzuzufügen. Dadurch könnte eine Situation eskalieren. Bleibe ruhig und besonnen, greife lieber einmal zu früh als zu spät in eine Interaktion ein – und bleibe bitte immer freundlich!

Schönes Spiel unterstützen

Nun kannst du einordnen, was Spiel ist und welche Interaktion nicht (mehr) freundlich

Schönes Spiel, an dem beide Hundekumpel Spaß haben, kannst und solltest du aktiv unterstützen.

gemeint ist. Aber auf welche Weise kannst du dazu beitragen, dass schönes Spiel auch schön bleibt?

Hier sind einige Tipps:

- Wenn dein Hund mit einem anderen spielt, bleibe möglichst immer ein bisschen in Bewegung und verändere dabei deinen Abstand zur anderen Person und dem anderen Hund. Hunde suchen gern zwischendurch Kontakt zu ihrer Bezugsperson, und wenn du dich zu nah an der Bezugsperson des anderen Hundes befindest, sind die Hunde bei der Kontaktaufnahme gezwungen, die Individualdistanz des jeweils anderen zu unterschreiten.
- Sollte einer der beteiligten Hunde Schutz bei dir suchen, hilf ihm bitte. Halte den anderen Hund möglichst durch Abschirmen (mit der Hand) auf Abstand und bitte den anderen Menschen um Mithilfe, indem er beispielsweise seinen Hund abruft, wenn dieser deinen gerade bedrängt. Beende die Interaktion der Hunde möglichst ruhig und freundlich.
- Zu guten Spielbedingungen trägt auch die Auswahl des geeigneten Spielorts bei. Büsche oder andere Hindernisse ermöglichen es den Hunden, mal kurz außer Sicht zu gehen und auf diese Weise Pausen einzuläuten. Große freie Flächen sind für viele Hunde ungünstiger, weil sie gerade bei Rennspielen ein zu hohes Tempo begünstigen.
- Achte darauf, die Hunde für Spielpausen zu loben. Zu solchen Pausen zählen kurzes Weggehen ebenso wie Pinkeln und Schnüffeln. Solltest du hingegen feststellen, dass das Spiel zunehmend heftiger und gröber wird, kannst du zunächst versuchen, deinen Hund mit einem speziell aufgebauten Entspannungssignal zu unterstützen. Generell solltest du darauf achten, dass das Spiel nicht zu lang dauert. Ist es sehr bewegungsintensiv, kann

nach ein bis zwei Minuten schon eine Unterbrechung nötig sein. Kommt sie nicht von selbst, kannst du deinem Hund aktiv eine kurze Pause anbieten. Wenn sich die Hunde gut verstehen und nicht futterneidisch sind, lassen sich die Spieleinheiten auch durch kurze Futtersuchen unterbrechen.

- Beende eine Spieleinheit nach Möglichkeit immer entspannt. Futterstreuen kann eine gute Idee sein. Ist Futterneid zu befürchten, eignet sich ein gemeinsamer kleiner Spaziergang (gegebenenfalls an der Leine). Vermeide es, deinen Hund aus einem intensiven Spiel herauszureißen und mitzunehmen. Das ist unfair und würde dazu führen, dass die Erregung bei nachfolgenden Hundebegegnungen und Spieleinheiten höher ist.

Du siehst, es gibt viele Möglichkeiten, um schönes Spiel unter Hunden aktiv zu unterstützen. Dies ist insbesondere bei einem Spiel mit einem noch fremden Hund wichtig. Das ist für die Hunde besonders anstrengend, weil sie sich erst kennenlernen und sich auf die Spielgewohnheiten des jeweils anderen einstellen müssen. Noch schwieriger ist es, wenn an der Interaktion mehr als zwei Hunde beteiligt sind.

Hundebegegnungen

Wenn zwei Hunde aufeinandertreffen, kann diese Begegnung sehr unterschiedlich verlaufen. Was tatsächlich passiert, hängt von zahlreichen Faktoren ab. Wäre es nicht schön, du könntest es zumindest ein bisschen erahnen und dementsprechend entscheiden, ob du direkten Kontakt zulässt oder lieber vermeidest? Ich möchte dir an dieser Stelle meine ganz persönliche Checkliste an die Hand geben, die mir hilft einzuschätzen, ob die Begegnung voraussichtlich entspannt verlaufen wird oder ob ich mit meinem Hund lieber auf Abstand bleibe.

Im Zweifel lieber Abstand

Lass direkten Kontakt nur zu, wenn du stark davon ausgehst, dass es funktioniert – hundertprozentige Sicherheit gibt es natürlich nie. Falls du auch nur vermutest, dass dein Hund in einer Situation unschön reagieren wird oder du dir unsicher bist, was der andere tun wird, vermeide den direkten Kontakt lieber. Von einer unangenehmen Begegnung hat keiner der beiden Hunde etwas.

Individualdistanz: Ich kenne die Individualdistanz meines Hundes und weiß, wie viel Abstand er generell benötigt, um sich wohlzufühlen. Außerdem berücksichtige ich, dass er von sehr großen Hunden gern noch etwas weiter wegbleiben möchte. Was Knicka gar nicht mag, ist, wenn sich ihm mehrere Hunde auf einmal nähern. Solche Begegnungen vermeide ich grundsätzlich.

Hundetyp: Es gibt bestimmte Hundetypen, mit denen Knicka Schwierigkeiten hat, aus welchen Gründen auch immer. Dazu zählen Möpse und kleine, wuselige weiße Rüden wie Bichon Frisé, Havaneser und Co. Ich weiß, dass er im Direktkontakt Aggressionsverhalten wie Bellen, Knurren und Anrempeln zeigt. Daher probiere ich auch solche Begegnungen gar nicht erst aus.

Leinenführung: Ich lege Wert darauf, dass die Leinen in einer Begegnung locker sind. Ich führe meinen Hund grundsätzlich an einer 5-Meter-Schleppleine, die ich auch mal loslassen kann, wenn er mehr Freiraum braucht. Daher achte ich auf die Leinenführung des entgegenkommenden Teams. Ein Kontakt an gespannter Leine kommt für mich nicht infrage, weil dadurch die Kommunikation der Hunde eingeschränkt ist und zum Teil auch stark verändert wird. Da sind Missverständnisse und Spannungen vorprogrammiert.

Körpersprache: Selbstverständlich achte ich genau auf Knickas Körpersprache und auf die des Gegenübers. Bemerke ich bei einem Hund oder bei beiden Anspannung oder gar Anzeichen für Angst oder Aggression, lasse ich eine Begegnung lieber nicht zu. Wirken die Hunde entspannt und an einer freundlichen Kontaktaufnahme interessiert, dürfen sie sich gern „Hallo" sagen, sofern auch der andere Hundebesitzer nichts dagegen hat. Wie schon erwähnt, lege ich dabei Wert auf eine lockere Leine bei beiden Hunden und passe auf, dass die Leinen sich nicht verheddern.

Ein Kriterium dafür, dass ich Kontakt zulasse, ist eine lockere Leine. Nur so ist uneingeschränkte Kommunikation möglich.

Meine Beobachtungen mache ich schon aus der Ferne, damit ich rechtzeitig reagieren kann, falls ich zu dem Schluss komme, dass ich eine Begegnung vermeiden möchte. Wenn eine gewisse Distanz unterschritten ist, kann mein Hund sich nur noch schwer abwenden, und noch viel schwieriger ist es dann, ihn zum Weggehen zu bewegen. Ihn mitzuschleifen fände ich unfair und es wäre für ihn unangenehm. Das würde in einer folgenden Begegnung für mehr Anspannung sorgen. Aus diesem Grund bin ich vorausschauend unterwegs. So kann ich meinem Hund anbieten, einen Bogen zu laufen, indem ich den Weg verlasse; alternativ kann ich in einen anderen Weg abbiegen oder auch einfach umdrehen. Was ich nie von den Hunden erwarte, ist, dass sie in einem zu geringen Abstand aneinander vorbeilaufen und das Ganze perfekt meistern. Wenn es gar nicht anders geht, schafft mein Hund das mittlerweile zwar, aber ich weiß, dass er sich dabei nicht wohlfühlt.

Entspannte versus angespannte Annäherung

Darüber hast du in den vorherigen Kapiteln schon einiges gelesen, und weil dieser Punkt so wichtig ist, möchte ich im Folgenden noch mal genauer darauf eingehen. Lexi hilft wieder, die Unterschiede zu verdeutlichen.

Kennzeichnen für die entspannte Annäherung sind:

- Es gibt nur kurze Blickkontakte zwischen den Hunden. Beide schauen immer wieder weg und schnüffeln vielleicht sogar am Wegesrand oder setzen eine Urinmarkierung, die dem anderen die Möglichkeit gibt, im Vorfeld Informationen zu sammeln, ohne direkten Kontakt aufnehmen zu müssen.
- Die Hunde nähern sich nicht frontal an, sondern eher in einem (kleinen) Bogen oder versetzt. Auch eine Annäherung von hinten ist möglich, wobei der vordere Hund den anderen wahrnehmen sollte, damit er nicht erschrickt.
- Beide Hunde bewegen sich fließend und locker, ihre Körper wirken „kurvig". Sie nähern sich einander entspannt und in normalem Tempo.

Eine angespannte Annäherung sieht hingegen so aus:

- Mindestens einer der beiden Hunde schaut den anderen länger andauernd oder sogar permanent an.
- Die Körperachse ist frontal auf den anderen Hund ausgerichtet.
- Die Annäherung erfolgt zielgerichtet. Manchmal werden dabei Kopf und Rute auf Rückenhöhe abgesenkt und ein Hund geht langsam und lauernd auf den anderen Hund zu. Einige Hunde legen sich hin und springen dann ab einem gewissen Punkt auf den anderen zu oder zur Seite weg.
- Die Körperspannung ist hoch, die Bewegungen wirken dadurch steif und staksig.
- Die Annäherungsgeschwindigkeit ist sehr schnell oder auffallend langsam, manche Hunde frieren in so einer Situation auch ein, bewegen sich also gar nicht mehr.

ENTSPANNTE ANNÄHERUNG

Hinlegen und anschließend wegspringen deutet auf Anspannung bei einer Begegnung hin.

Du fragst dich nun, wie du das alles im Alltag erkennen sollst? Keine Sorge, das ging mir zu Anfang genauso. Letztendlich hilft nur üben, üben, üben. Gerade zu Anfang wird es dir nicht gelingen, alles auf einmal zu sehen. Gehe kleinschrittig vor. Ich habe zum Beispiel erst mal nur beobachtet, wie die Hunde sich anschauen, dann habe ich die Körperachsen dazugenommen und so weiter. Mittlerweile springen mir diese Details förmlich ins Auge und ich kann sehr schnell entscheiden, ob ich einen Kontakt zulassen möchte oder nicht. Mit der Zeit wirst auch du ein Gefühl dafür entwickeln, und ganz nebenbei

ANGESPANNTE ANNÄHERUNG

Schnell ist nicht immer unfreundlich

Wichtig zu wissen ist, dass eine schnelle Annäherung nicht grundsätzlich bedrohlich gemeint ist. Bei einem Hund, der gern mit anderen Hunden spielt, kann es gut sein, dass er schnell und zielstrebig auf einen Artgenossen zurennt und erst auf den letzten Metern einen kleinen Bogen macht. Auch das ist eine freundliche Annäherung. Kennen die Hunde sich nicht, kann eine solche Annäherung dennoch bedrohlich wirken und für Anspannung sorgen. Der andere Hund weiß ja nicht, dass gleich noch deeskalierendes Verhalten folgen wird.
Grundsätzlich gilt: Immer, wenn du bemerkst, dass eine Annäherung ins Stocken gerät oder sich die Geschwindigkeit stark verändert, ist das eher ungünstig.

ist das Beobachten sehr interessant! Häufig sehe ich regelrecht, wie sich die Hunde „unterhalten" – das ist spannend!

Imponierverhalten im Direktkontakt

Falls dein Hund Kontakt aufnehmen darf, musst du weiter aufmerksam bleiben. Insbesondere wenn gleichgeschlechtliche Hunde aufeinandertreffen, lässt sich oft Imponierverhalten beobachten. Du kennst die Anzeichen schon: Durch die Anspannung ist der Gang steif und staksig, der Körper wirkt aufgrund der durchgedrückten Beine und des angehobenen Kopfes aufgerichtet. Die Rute ist hoch erhoben und alle/die meisten körpersprachlichen Details weisen nach vorn/oben. Nicht selten wird auch Imponierscharren gezeigt, das wegen der gestreckten Beine ebenfalls steif und zackig wirkt. Es ist schwierig, Imponierverhalten eindeutig von offensivem Drohverhalten zu unterscheiden. Im Direktkontakt umkreisen sich insbesondere Rüden und du kannst dabei oft Folgendes beobachten: Ein Hund legt sein Kinn über den Nacken/Rücken des anderen und schränkt so dessen Bewegung ein (eine Form der T-Stellung). Eventuell legt er eine Pfote auf. Möglich ist auch, dass sich einer der Hunde quer vor den anderen stellt, um ihn einzuschränken (die zweite Form der T-Stellung). Nun ist entscheidend, wie der andere Hund reagiert. Antwortet dieser

Der rechte Hund reagiert auf das Imponierverhalten des linken Hundes mit nach hinten/unten gerichteten Signalen.

ebenfalls mit Imponierverhalten, steigt die Anspannung und die Situation kann eskalieren. Häufig wirst du aber sehen, dass der andere Hund deeskalierend reagiert. Er hält inne, akzeptiert also die Bewegungseinschränkung, und zeigt nach hinten/unten gerichtete körpersprachliche Details.

Nun ist vonseiten der Menschen besonnenes Handeln gefragt. Zeigen beide Hunde Imponierverhalten, hilft es meistens, wenn du die beiden Hunde freundlich ansprichst, lobst und dich dabei wegbewegst. So hat dein Hund Raum, mitzukommen, sofern der andere ihn lässt.

Imponiert nur einer der Hunde und der andere zeigt deeskalierendes Verhalten, solltest du darauf achten, deinen Hund nur dann aus der Situation abzurufen, wenn er den aktiven Part hat, den anderen also gerade in seiner Bewegung einschränkt. Ist dein Hund derjenige, der ruhig steht, würdest du ihn durch dein Rufen in einen Konflikt bringen und riskieren, dass die Situation eskaliert. Wenn er auf dein Rufen reagiert, bewegt er sich ja, was zur Folge haben könnte, dass der andere Hund deutlicher wird.

In der Regel gehen Begegnungen, bei denen Imponierverhalten im Spiel ist, gut aus, weil die meisten Hunde selbst daran interessiert sind, unverletzt zu bleiben. Die Anspannung ist zwar sehr hoch, aber meistens trennen sich beide ohne große Auseinandersetzung.

Reaktionen auf eine Bedrohung: die vier F

Wenn dein Hund etwas wahrnimmt, das ihn verunsichert oder das er bedrohlich findet, kann er auf vier unterschiedliche Arten darauf reagieren. Man spricht von den vier F, weil die englischen Bezeichnungen für diese Reaktionen jeweils mit einem F beginnen: Fight (Kampf), Flight (Flucht), Freeze (einfrieren/verharren) und Fiddle about (herumkaspern). Es gibt Ansätze, bei denen ein fünftes F für Faint (ohnmächtig werden) hinzukommt. Ich halte mich hier jedoch an die Sichtweise, dass dieses fünfte F eine Extremform von Freeze und so mit den vier F bereits abgedeckt ist.

Wenn der Hund etwas als bedrohlich oder verunsichernd einstuft, muss das gar nichts Dramatisches sein. Ein Beispiel wäre ein weiter entfernter Gegenstand, den der Hund nicht einordnen kann. Nun kann es sein, dass der Hund nur kurz stehen bleibt, dann weiter auf den Gegenstand zugeht, diesen beschnüffelt und letztendlich als harmlos einstuft. Es ist aber auch möglich, dass er einen großen Bogen um den Gegenstand macht oder wie wild um ihn herumhüpft und die Vorderkörpertiefstellung zeigt. Vielleicht bellt er ihn auch an. All das sind Verhaltensweisen, die sich den vier F zuordnen lassen. Wie die Reaktionen genau aussehen, woran du sie erkennst und wie du damit umgehen kannst, erfährst du im Folgenden.

Fight (Angriff)

Bei dieser Reaktion geht der Hund auf Angriff. Wie das aussieht, zeigt dir Lexi auf dem Bild. Eine Fight-Reaktion muss nicht heftig sein. Bereits sehr kleine Bewegungen (Intentionsbewegungen) in Richtung Auslöser – ob Lebewesen oder Gegenstand – genügen. Die Körpersprache des Hundes ist dabei auf den Auslöser ausgerichtet. Die Fight-Reaktion erkennst du an den Merkmalen, die zum offensiven Drohverhalten zählen, inklusive Bellen, Knurren, Nach-vorn-Springen, Abschnappen und Beißen. Hat der drohende Hund gleichzeitig Angst vor Gegenwehr, zeigt

er gleichzeitig mehr oder weniger defensive Signale, also körpersprachliche Details, die nach hinten/unten gerichtet sind.

Bevor es zur Fight-Reaktion kommt, hat der Hund oft schon Strategien probiert, die einem der anderen F zugerechnet werden. Diese haben für ihn in der Situation aber nicht funktioniert – die Bedrohung ist geblieben beziehungsweise er fühlt sich nach wie vor unwohl/unsicher.

Je intensiver ein Hund sich bedroht fühlt, desto heftiger kann seine Reaktion ausfallen. Häufig ist sie nicht mehr willentlich steuerbar, sondern es läuft sozusagen ein „Automatikprogramm" ab. Der Hund denkt nicht mehr, sondern reagiert nur noch.

Falls dein Hund eher häufig mit Angriff reagiert, hat er vielleicht schon gelernt, dass dies für ihn die effektivste Möglichkeit ist, eine für ihn unangenehme oder bedrohliche Situation zu lösen. Bitte versuche nicht, dieses Verhalten durch Strafreize wie Schimpfen, Leinenruck, Blocken mit dem Körper oder Ähnlichen zu hemmen. Das mag zu Anfang scheinbar funktionieren, letztendlich wird der Hund aber diesen unangenehmen Reiz mit der ohnehin schon unangenehmen Gesamtsituation verknüpfen, sodass die Stimmung (noch) schlechter und die Situation für den Hund schlimmer wird. Viel besser ist es, wenn du deinem Hund hilfst. Sein häufiges Aggressionsverhalten ist nicht „böse", sondern es zeigt, dass er sich oft unwohl oder bedroht fühlt, was seine Lebensqualität stark beeinträchtigt. Er möchte mitteilen, dass er mehr Abstand braucht. Eine erste Möglichkeit ist entsprechendes Management: Verändere die betreffende Situation so, dass dein Hund nicht mehr so deutlich reagieren muss. Halte mehr Abstand zu möglichen Auslösern und zeige deinem Hund, dass er auch eigenständig weggehen kann, um seine Ruhe zu haben. Bitte einen erfahrenen Trainer um Hilfe, wenn du allein nicht weiterkommst.

Flight (Flucht)

Die Flight-Reaktion ist eine weitere Möglichkeit, auf eine Bedrohung zu reagieren. Die Körpersprache eines flüchtenden Hundes, wie bei Lexi auf der Zeichnung gezeigt, ist leicht zu erkennen. Der Hund rennt schnell weg, um möglichst große Distanz zwischen

sich und den Auslöser zu bringen. Auch bei der Flight-Reaktion gibt es jedoch Abstufungen. Schon Minibewegungen zeigen dir, dass dein Hund einer Situation lieber entkommen möchte. Du kannst beobachten, dass der Körperschwerpunkt vom Auslöser wegverlagert wird, die Ohren nach hinten zeigen, der Hund den Kopf abwendet oder sogar ein Stück rückwärtsgeht. Die Details entsprechen denen des Meideverhaltens. Bleibt die Bedrohung weiter bestehen, ergreift dein Hund eventuell doch noch die Flucht. Geht das nicht, beispielsweise weil er sprichwörtlich „mit dem Rücken zur Wand steht" oder weil du ihn mit der Leine daran hinderst, wechselt er möglichweise die Strategie und geht auf Angriff.

Es ist sehr wichtig, dass du deinem Hund aus für ihn beängstigenden Situationen heraushilfst. Versuche nie, ihn zur Konfrontation zu zwingen. Er wird dadurch mit der Zeit nur lernen, dass Angriff die bessere Strategie ist, und das möchtest du sicher nicht.

Selbstverständlich kannst und solltest du an der Bewältigung von Ängsten arbeiten. Tu das aber gezielt unter kontrollierten Bedingungen, am besten mit professioneller Unterstützung, und nicht, wenn dein Hund sich gerade tatsächlich bedroht fühlt.

Freeze (einfrieren, verharren)

Die Freeze-Reaktion zeigt dein Hund nicht willentlich, sondern sie wird unwillkürlich ausgelöst. In der Amygdala, dem sogenannten Mandelkern, ist dann ein Reiz angekommen, bei dem das Gehirn des Hund sich nicht entscheiden kann, was es tun soll: Angriff oder Flucht? Dieser innere Konflikt lähmt quasi die Bewegungen des Hundes, er ist wie blockiert. Typische körpersprachliche Details gibt es hier nicht. Der Hund verharrt in der Situation so, wie er gerade aussieht. Manchmal komplett, manchmal frieren auch nur einzelne Körperteile ein. Das Einfrieren kann darüber hinaus nur sehr kurz dauern, aber auch länger anhalten, manchmal so lange, bis eine Situation wie eine Hundebegegnung komplett überstanden ist. Lexi zeigt dir auf der Zeichnung eine von vielen möglichen Varianten der Freeze-Reaktion. Auf das

Freeze kann alles Mögliche folgen. Sobald das Gehirn zu einer Entscheidung gefunden hat, kann es sein, dass der Hund in den Angriffs- oder in den Fluchtmodus wechselt. Fiddeln kommt ebenfalls vor. Wichtig: Denk wieder daran, dass du zur Beurteilung die gesamte Situation betrachten musst. Regloses Stehenbleiben, um etwas zu beobachten, ist keine Freeze-Reaktion.

Die Freeze-Reaktion ist für uns Menschen unauffällig und auch angenehmer als ein nach vorn springender Hund, der die Bedrohung vertreiben will. Deswegen übersehen wir sie häufig. Der Hund fühlt sich jedoch alles andere als wohl. Er ist wie gelähmt und der für ihn bedrohlichen Situation hilflos ausgesetzt. Entsprechend rücksichtsvoll solltest du mit ihm umgehen. Fass ihn nicht plötzlich an und zieh ihn auch nicht weiter! Vergiss nicht, dass dein Hund gerade nicht bewusst handelt. Jeder zusätzliche Reiz kann reaktives Verhalten auslösen. Daher ist es durchaus möglich, dass dein Hund nach dir schnappt, wenn du ihn überraschend anfasst.

Selbstverständlich kannst du versuchen, deinen Hund freundlich anzusprechen und ihm mit Signalen durch die Situation zu helfen. Geeignet sind Signale, die er gern ausführt und gut kann. So gelingt es dir vielleicht, ihn wieder in Bewegung zu bringen und gemeinsam mit ihm die Distanz zum Auslöser zu vergrößern. Sei deinem Hund aber bitte nicht böse, wenn er auf diese Signale nicht reagiert. Er befindet sich in einer Ausnahmesituation und nimmt dich eventuell gar nicht wahr.

Sollte dein Hund häufig einfrieren, gilt das Gleiche wie bei der Flight-Reaktion. Versuche, ihm durch kontrolliertes Training mehr Sicherheit zu vermitteln. Es belastet deinen Hund, wenn er sich so oft bedroht oder verunsichert fühlt, auch wenn er dies nur durch ein „leises" Einfrieren zeigt.

Fiddle about (herumkaspern)

Das Fiddeln, manchmal wird es auch Flirt genannt, siehst du häufig in Hundebegegnungen. Aus meiner Sicht ist es eine der Verhaltensweisen, die am häufigsten falsch interpretiert werden. Nicht selten sehen

Körperkontakt hilft

Wenn dein Hund in Situationen, die ihn verunsichern, zu dir kommt und vielleicht sogar Körperkontakt wie Streicheln einfordert oder sich an dich drückt, gewähre ihm das unbedingt. Durch den Körperkontakt werden Hormone ausgeschüttet (vor allem Oxytocin), die aktiv zum Stressabbau beitragen und deinem Hund in der Situation helfen. Dass du damit eventuelle Ängste verstärkst, ist übrigens Quatsch! Ganz im Gegenteil vermittelst du deinem Hund Sicherheit.
Es versteht sich von selbst, dass du den anderen Hund, oder was auch immer dein Hund gerade bedrohlich findet, in solchen Momenten nicht weiter an ihn heranlässt.

„Rumgehopse", das sogenannte Fiddeln, als Reaktion auf den direkten Blickkontakt.

Menschen darin eine Spielaufforderung, weil die Hunde dabei oft eine Vorderkörpertiefstellung zeigen und sich viel bewegen. Schau dir die körpersprachlichen Details bei Lexi auf Seite 66 genauer an, dann wirst du die Unterschiede schnell erkennen. Oft bewegen sich die Hunde sehr viel, rennen also beispielsweise hin und her. Dies in Kombination mit der erwähnten Vorderkörpertiefstellung und einer hohen Körperspannung dient jedoch dem Abbau von Spannungen und dem Beschwichtigen des Gegenübers nach dem Motto: „Guck mal, ich bin harmlos und hopse hier nur so rum." Zu sehen sind auch körpersprachliche Details, die aktiver oder passiver Demut zugeordnet werden, beziehungsweise Beschwichtigungssignale wie Gähnen mit abgewendetem Kopf. Übersprungverhalten wie Kratzen, Fellputzen oder Scharren ist ebenfalls zu beobachten. Auch das Fiddeln wird nicht immer so intensiv gezeigt. Es kann auch nur durch kleine Intentionsbewegungen angedeutet werden.

Es ist tatsächlich nicht immer einfach, eine Fiddle-Reaktion von einer Spielaufforderung zu unterscheiden. Oftmals hilft wieder ein Blick auf die Gesamtsituation. Wenn mein Knicka einem fremden großen Hund begegnet, weiß ich, dass er mit der Vorderkörpertiefstellung und einem angedeuteten Rennspiel keine echte Spielaufforderung zeigt, sondern aus Überforderung fiddelt, weil er solche Hunde gruselig findet. Hörst du in solchen Situationen Lautäußerungen, sind diese meist hoch bis schrill. Winseln, Jaulen oder ein hohes Bellen deuten auf hohe Erregung aufgrund der vom Hund gefühlten Bedrohung hin.

Wie bei der Flight- und der Freeze-Reaktion besteht wieder die Gefahr, dass dein Hund irgendwann auf Angriff umschaltet, wenn sich die Situation nicht auflöst. Du solltest ihn daher unbedingt unterstützen, etwa indem du versuchst, mehr Abstand zum Auslöser aufzubauen. Mir gelingt das bei Knicka oft gut, indem ich mich ein Stück weit entferne und ihn dadurch einlade, mit mir zu kommen. Dabei muss ich allerdings darauf achten, dass ich ihm nicht mehr Stress bereite, weil er sich allein gelassen fühlt.

Gut zu wissen: Die Eskalationsleiter

Wenn unsere Hunde in eine für sie unangenehme oder bedrohliche Situation geraten, versuchen sie im Normalfall, dieser zu entkommen beziehungsweise die Situation für alle Beteiligten zu entspannen. Hierfür nutzen sie deeskalierende Signale, zunächst oft ein Abwenden des Blicks oder des Kopfes, aber oftmals sieht man auch schon Konfliktanzeichen wie ein Züngeln oder Gähnen.

Reicht dies nicht, um die Situation zu lösen, kann es gut sein, dass der Hund sich gezwungen sieht, auf der Eskalationsleiter eine Stufe höher zu klettern. Das bedeutet, seine Signale werden deutlicher. Womöglich dreht er sich um, setzt sich hin oder entfernt sich, um der Situation zu entgehen.

Führt auch das nicht zum Ziel, erklimmt der Hund die nächste Stufe. Nun ist wahrscheinlich schon ein leichtes Drohen wie das Kräuseln der Lefzen zu sehen. Manche Hunde bellen auch oder erstarren.

Hilft das immer noch nicht, werden meistens deutliches Knurren und Zähnezeigen folgen. Weitere Stufen auf der Eskalationsleiter sind Abschnappen – zunächst in die Luft –, Zwicken und Zuschnappen. Alles noch relativ gehemmt. Ungehemmtes, beschädigendes Zubeißen ist erst der allerletzte Schritt.

Ein gut sozialisierter Hund durchläuft die Eskalationsleiter in der Regel Stufe für Stufe. Wurden dem Hund aber bestimmte Stufen durch Strafen verboten – beispielsweise das Knurren – oder hat er häufiger die Erfahrung gemacht, dass einzelne Stufen ihm nicht den gewünschten Erfolg bringen, kann es sein, dass er diese überspringt. Auch hohe Erregung ist ein möglicher Grund dafür, dass Stufen übersprungen werden.

Der Dalmatiner möchte das Geschirr nicht anziehen. Er zeigt dies durch zurückgezogene Ohren und ein Ausweichen nach hinten.

Wenn dir die Eskalationsleiter bewusst ist, gibt dir das die Möglichkeit, bereits früh zu erkennen, wenn dein Hund Schwierigkeiten mit einer Situation hat, und ihn so zu unterstützen, dass er möglichst weit unten auf der Leiter bleiben und sich schnell wieder entspannen kann.

Empfindet dein Hund Dinge als unangenehm, an die er sich deiner Meinung nach gewöhnen muss, trainiere das bitte gezielt mit ihm, statt seine körpersprachlichen Signale zu übergehen.

Schlusswort

Du bist am Ende dieses Buches angelangt und hast nun einen umfassenden Überblick über zahlreiche körpersprachliche Details erhalten, die dir helfen, deinen Hund und auch andere Hunde besser einzuschätzen. Sicher fällt es dir anfangs schwer, alles auf einmal wahrzunehmen. Das liegt daran, dass dein Gehirn eine Filterfunktion hat und ein Stück weit bestimmt, was für dich wichtig ist. Um in den verschiedensten Situationen jeweils die gesamte Körpersprache deines Hundes wahrnehmen zu können, musst du dein Gehirn entsprechend trainieren. Nimm dir dafür zunächst die Körperteile einzeln vor. Schreib dir deine Beobachtungen auf und mach gern auch Fotos davon. Du könntest mit der Rute anfangen. Ich habe eine Sammlung von Bildern und Beobachtungen, wie mein Knicka seine Rute in verschiedensten Situationen trägt, etwa wenn er gerade etwas Interessantes sieht, wenn er auf die Nachbarskatze trifft oder wenn der Erzfeind um die Ecke kommt. Ich weiß auch, wie Knickas Rute im entspannten Zustand aussieht. Das ist der Ausgangspunkt, den ich brauche, um Veränderungen zu erkennen. Nachdem du die Rute einige Tage lang im Fokus hattest, nimmst du dir die Ohrenhaltung vor, dann die Ausrichtung der Körperachsen und so weiter. Im Lauf der Zeit wirst du feststellen, dass du automatisch immer mehr Dinge gleichzeitig wahrnimmst und Gesamtsituationen besser einschätzen kannst.

Eine hilfreiche Übung ist, Fotos oder Videos zu beschreiben. Achte darauf, wertfrei zu bleiben. Schreib nur auf, was du siehst, ohne eine Bedeutung hineinzuinterpretieren. Nur so kannst du deine Beobachtungsgabe schulen. Würdest du hingegen bei einer Aufnahme von einer Vorderkörpertiefstellung, wie du sie auf dieser Doppelseite siehst, sofort „Spielaufforderung" mit aufschreiben, würde dich das unweigerlich in eine bestimmte Richtung lenken und dir den Blick darauf versperren, dass die Vorderbeine parallel stehen, die Hinterbeine leicht eingeknickt sind, Blick und Kopf auf das Gegenüber ausgerichtet sind und die Rute erhoben ist. Wenn du das Buch aufmerksam gelesen hast, ist dir klar, wie falsch du mit der Interpretation „Spielaufforderung" liegen würdest. Deshalb ist es wichtig, zuerst die Details sauber und neutral herauszuarbeiten und danach die Rückschlüsse zu ziehen. Beachte immer diese Reihenfolge: Neutral beschreiben – Gesamtsituation und Befindlichkeiten betrachten – dann erst Rückschlüsse ziehen und wohlwollend interpretieren.

Lass dir bei all dem Zeit und mach dich nicht verrückt. Ich erinnere mich noch, wie besorgt ich zu Anfang war, weil ich plötzlich vor allem Anzeichen für Unwohlsein und Unsicherheit bei meinem Knicka gesehen hatte. Solange man das Gesamtbild noch nicht im Blick hat, kann so etwas leicht passieren. Bestimmt fallen auch dir zu Anfang

Vorderbeine parallel, Hinterbeine eingeknickt, direkter Blickkontakt: ein Zeichen für Anspannung und keine Spielaufforderung.

Dinge auf, die dir Sorgen machen. Versuche dann, andere Interpretationsmöglichkeiten in Betracht zu ziehen.

Vergiss nicht, dir Auszeiten vom Beobachten zu gönnen, und verliere auf keinen Fall den Spaß am Zusammensein mit deinem Hund. Du kannst nur dann unbeschwert mit ihm spielen und herumtoben, wenn du nicht ständig auf mögliche Anzeichen für Unsicherheit achtest.

Falls du online üben möchtest, werde gern Mitglied in meiner Facebook-Gruppe „Sprich Hund – lerne Hündisch". Dort hast du die Möglichkeit zum Austausch. Du kannst eigene Fotos und Videos analysieren und erhältst ein Feedback dazu. Außerdem findest du eine große Fülle an analysierten Fotos und Videos, die dir reichlich Hintergrundwissen und Übungsmaterial bieten. Weiteren Input bietet dir meine Website sprichhund.de. Dort gibt es Arbeitshefte zum Erlernen der Körpersprache deines Hundes und regelmäßig Webinare, die vereinzelte Themen intensiver unter die Lupe nehmen. Außerdem findest du Mitglieder des Sprich-Hund-Netzwerks. Das ist ein Zusammenschluss von Hundeunternehmen, die alle nach den Sprich-Hund-Kriterien Körpersprache analysieren und dich professionell unterstützen können.

Nun wünsche ich dir viel Spaß beim Verstehenlernen und vor allem beim Zusammenleben mit deinem Hund!

Zum Weiterlernen

Bücher/DVD

Blaschke-Berthold, Dr. Ute:
Das Kleingedruckte in der Körpersprache des Hundes. (DVD)
Fulda: CumCane 2013

Feddersen-Petersen, Dorit:
Ausdrucksverhalten beim Hund. Mimik und Körpersprache, Kommunikation und Verständigung. Stuttgart: Franckh-Kosmos, 2008

Franck, Madeleine und Rolf C.:
Das Buch für Hundeeltern. Hunde emotional verstehen und erziehen.
München: Cadmos, 2021

Meiburg, Sonja:
Lass das! Hunden freundlich Grenzen setzen.
Stuttgart: Franckh-Kosmos, 2021

Seumel, Ulrike:
Marker-Training für Hunde. Auf Augenhöhe zum glücklichen und kooperativen Hund.
Stuttgart: Franckh-Kosmos, 2020

Online

sprichhund.de (die Website zum Weiterstöbern)

sprichhund.de/shop (der Sprich Hund! Shop mit spannenden Webinaren, den Arbeitsheften zum Weiterüben und vielem mehr)

www.facebook.com/groups/2244121529166984
(die Sprich Hund! FB-Gruppe für alle, die besser Hündisch lernen wollen)

ibh-hundeschulen.org (zahlreiche empfehlenswerte Downloads rund um das Thema Hund)

trainieren-statt-dominieren.de (Trainernetzwerk mit reichlich Infos zu Trainingsfragen)

Stichwortregister